ANLEITUNGEN FÜR DIE CHEMISCHE LABORATORIUMSPRAXIS
HERAUSGEGEBEN VON E. ZINTL †
BAND I

CHEMISCHE SPEKTRALANALYSE

EINE ANLEITUNG ZUR ERLERNUNG UND AUSFÜHRUNG VON SPEKTRALANALYSEN IM CHEMISCHEN LABORATORIUM

VON

W. SEITH UND K. RUTHARDT

ZWEITE VERBESSERTE AUFLAGE

MIT 68 ABBILDUNGEN IM TEXT UND EINER TAFEL

SPRINGER-VERLAG BERLIN HEIDELBERG GMBH

1941

ISBN 978-3-662-31455-5 ISBN 978-3-662-31662-7 (eBook)
DOI 10.1007/978-3-662-31662-7

URSPRUNGLICH ERSCHIENEN BEI JULIUS SPRINGER IN BERLIN 1941

DEM ANDENKEN AN

EDUARD ZINTL

GEWIDMET

Vorwort des Herausgebers zur ersten Auflage.

Als der Verlag Julius Springer im vorigen Jahre an mich mit der Aufforderung herantrat, eine Reihe von Anleitungen für das praktische Arbeiten im anorganischen Laboratorium herauszugeben, bin ich trotz starker beruflicher Inanspruchnahme dieser Aufforderung gefolgt, da ich ebenso wie zahlreiche meiner Kollegen das Fehlen kleinerer Anleitungen schon oft empfunden hatte. Die chemischen Probleme liegen heute nicht mehr so einfach, daß man ihnen auf den bewährten Pfaden der klassischen präparativen und analytischen Chemie allein beikommen kann. Der Chemiker von heute wird vielmehr auch solche Arbeits- und Untersuchungsmethoden beherrschen müssen, die früher dem Physiker, Kristallographen, Metallographen usw. vorbehalten waren. Für den chemischen Unterricht an den Hochschulen erwächst daraus die Aufgabe, etwa im Rahmen eines Praktikums für Fortgeschrittene diese Methoden gebührend zu berücksichtigen.

Umfassende Monographien gibt es heute für fast alle Gebiete der Laboratoriumspraxis. Was aber vielfach noch fehlt, das sind kleinere Lehrgänge, die an Hand ausgewählter Versuche die Bekanntschaft mit dem handwerklichen Rüstzeug, mit den wichtigsten Anwendungsgebieten und mit der Leistungsfähigkeit der Methoden vermitteln. Das soll die Aufgabe der Sammlung ,,Anleitungen zur chemischen Laboratoriumspraxis" sein.

Die Benutzer — Studenten oder fertige Chemiker in Hochschul- und Industrielaboratorien — sollen aus diesen Praktikumsbüchern nicht die theoretischen Grundlagen der Methoden erlernen; hierzu wird auf die vorhandene Literatur verwiesen. Sie sollen aber jene technischen Kleinigkeiten daraus ersehen, für die der Anfänger erfahrungsgemäß das meiste Lehrgeld zahlen muß und die auch den Fortgeschrittenen oft genug ärgern, da sie in keinem Lehrbuch veröffentlicht sind und oft nur als ungeschriebene Spezialerfahrung einiger Laboratorien vorliegen. Die Verfasser werden sich daher bemühen, nicht nur ihre eigenen, sondern auch die Erfahrungen anderer Laboratorien zu verwerten und allgemein nutzbar zu machen. Allen Kollegen, die hierzu ihren Rat zur Verfügung stellen, danke ich heute schon auf das beste.

Darmstadt, im November 1937.

E. Zintl.

Vorwort zur ersten Auflage.

Einer Aufforderung von Herrn Professor ZINTL sind wir gerne nachgekommen und haben die vorliegende Schrift verfaßt in der Absicht, demjenigen ein Hilfsmittel in die Hand zu geben, der die Spektralanalyse erlernen oder im analytischen Laboratorium einführen will. Wir haben in erster Linie Wert darauf gelegt, an Hand von Aufgaben, wie sie in der Praxis vorkommen, die Methode zu erläutern und die dafür notwendigen technischen Hilfsmittel zu beschreiben. Wir haben deshalb absichtlich darauf verzichtet, die Form eines Lehrbuches zu wählen, sondern die eines Übungsbuches vorgezogen. Für ein eingehenderes Studium verweisen wir daher auf die umfassenden Bücher von W. GERLACH: Die chemische Emissionsspektralanalyse, I., II. und III. Teil, Verlag L. Voß und auf die Abhandlung von G. SCHEIBE im Handbuch der physikalischen Methoden in der analytischen Chemie, I. Teil, Akademische Verlagsgesellschaft. Herrn Prof. WALTHER GERLACH sind wir für mannigfache Hinweise sowie für die Freundlichkeit, unsere Bestrebungen durch Beifügen einer Einführung zu unterstützen, zu großem Dank verpflichtet. Herrn Dr. BALZ, Stuttgart, danken wir für das Lesen der Korrektur und manchen Ratschlag, der Verlagsbuchhandlung Julius Springer für ihr freundliches Entgegenkommen.

Stuttgart, Hanau, Oktober 1937.

W. SEITH, K. RUTHARDT.

Vorwort zur zweiten Auflage.

Etwa zwei Jahre nach dem Erscheinen der „Chemischen Spektralanalyse" wurde die Bearbeitung der zweiten Auflage notwendig. Wir nehmen dies als Zeichen, daß unser Buch einem wirklichen Bedürfnis entsprochen hat.

In der Neuauflage wurden die Fortschritte berücksichtigt, die sich in dem verhältnismäßig kurzen Zeitraum bei einzelnen Verfahren schon sichtbar auswirkten. Es konnte auch manches weggelassen werden, was sich gegenüber dem Neuen nicht behaupten konnte.

An den Eingang der zweiten Auflage wollen wir den Dank setzen, den wir zahlreichen Fachgenossen für ihre Zuschriften abstatten wollen, aus denen wir manche Neuerung, Anregung und Berichtigung entnommen haben. Insbesondere danken wir den Herren BALZ, Stuttgart; GERLACH, München; KAISER, Jena und ROLLWAGEN, München, für ihre rege Anteilnahme am Entstehen dieser zweiten Auflage.

Wenn wir nicht alle an uns herangetragenen Wünsche berücksichtigten konnten, so geschah es teils, um den Umfang des Büchleins nicht zu groß werden zu lassen, teils um seine einheitliche Ausrichtung auf das vorgesteckte Ziel zu wahren.

Münster i. Westf., Hanau, Dezember 1940.

W. SEITH, K. RUTHARDT.

Zur Einführung.

Wer ein Buch schreibt, soll sich zunächst über zwei Dinge klar sein: Welchem Zweck es dienen und wer es lesen und benutzen soll. Dies scheint mir im vorliegenden Fall sehr gründlich geschehen zu sein.

Es gibt eine Reihe von zusammenfassenden Darstellungen der spektralanalytischen Verfahren und ihrer Aufgaben in Wissenschaft und Technik: Sie dienen als Lehrbücher der Bekanntgabe der Grundlagen der Methode und ihrer Anpassung an die vielseitigen Verwendungszwecke und geben eine Übersicht über die mit Hilfe der Spektralanalyse zu behandelnden Gebiete. Das Buch, dem diese Worte als Einführung und Empfehlung gewidmet sind, will den spektralanalytischen Anfänger nicht belehren, sondern soweit ausbilden, daß er zur selbständigen Durchführung von Analysen jeder Art befähigt ist. Um dies zu erreichen, haben W. Seith und K. Ruthardt, die beide zur Entwicklung der Methodik wichtige Beiträge lieferten, einen Lehrgang von 22 Aufgaben ausgearbeitet. Die einleitenden Kapitel über die physikalischen Grundlagen sind so kurz und so vereinfacht als eben noch möglich gehalten und beschränken sich auf die „theoretischen" Kenntnisse, welche man zum Verständnis einzelner Maßnahmen und zur Vermeidung von Fehlern nicht entbehren kann. Die Vergangenheit der beiden Verfasser bürgt für die sachliche Güte und richtige Didaktik, ihre Gegenwart für die günstigste Aufgabenauswahl: Denn der eine benutzt die Verfahren als wissenschaftliches Forschungsmittel, dem anderen sind sie ein unentbehrliches technisches Hilfsmittel. Dies drückt dem Buch einen besonderen Stempel auf: Es geht über ein „Praktikum" im üblichen Sinn weit hinaus, indem es mit einer großen Zahl praktisch-technischer Ratschläge, die an passender Stelle in die Aufgaben eingeführt sind, sich unmittelbar an den wendet, der die spektralanalytischen Verfahren nicht nur erlernen, sondern auch gebrauchen will. So wird die Übungsaufgabe zum Betriebsbeispiel, das Buch eine Anweisung für das Betriebslaboratorium.

Seit 14 Jahren vertreten wir in Wort und Schrift die Auffassung, daß die BUNSEN-KIRCHHOFFsche chemische Emissionsspektralanalyse ein unentbehrliches Hilfsmittel in der Forschung, in der Betriebsführung und in der Betriebskontrolle darstellt. Die seit einigen Jahren zunehmende Verwendung in der Technik nutzt noch lange nicht alle Vorteile aus, welche dies Verfahren zu bringen imstande ist. Daß das vorliegende Buch der weiteren Verbreitung und damit dem Fortschritt diene, ist unser aufrichtiger Wunsch.

Geschrieben am 50. Todestag von GUSTAV KIRCHHOFF.

WALTHER GERLACH.

Inhaltsverzeichnis.

Einleitung.

Die Chemie bediente sich in letzter Zeit immer mehr physikalischer Methoden zur Bearbeitung ihrer Probleme. Die chemische Emissionsspektralanalyse stellt eine solche Arbeitsweise dar, die für die analytische Chemie teils ein einfacher Ersatz, teils eine willkommene Ergänzung ist. Sie ermöglicht den Nachweis aller metallischen Elemente. Ihre besonderen Vorteile sind die Raschheit der Bestimmung, die Empfindlichkeit des Nachweises, eine hohe Eindeutigkeit und ein geringer Materialverbrauch. Von Bedeutung ist ferner der Umstand, daß das Analysenergebnis auf der photographischen Platte dokumentarisch festgelegt werden kann. Der Analysengang ist in allen Fällen prinzipiell derselbe. Von der Probe des Analysenmaterials wird ein minimaler Teil verdampft und zum Leuchten angeregt, das ausgesandte Licht spektral zerlegt und entweder okular beobachtet oder in den meisten Fällen auf der photographischen Platte festgehalten. Aus der Lage der Spektrallinien zueinander erkennt man die qualitative Zusammensetzung der Probe, die Intensität der Linien dient als Grundlage der quantitativen Analyse. Besonders geeignet ist die Spektralanalyse als qualitative Schnellmethode, deren Vorteile mit der Zahl der auszuführenden Analysen wachsen. Da Aufnahme, Verarbeitung und Auswertung der photographischen Platte verhältnismäßig wenig Zeit in Anspruch nehmen und da *ein* Arbeitsgang genügt, um alle vorkommenden Metalle nachzuweisen, fällt eine umständliche Trennung weg. Sie wird gewissermaßen vom Spektralapparat durch die Zerlegung des Lichtes in seine Komponenten durchgeführt. Die rein handwerksmäßige, damit verbundene Arbeit, wie das Aufnehmen, Entwickeln, Fixieren, Wässern und Trocknen der Platten fällt dabei um so weniger ins Gewicht, als es möglich ist, auf einer Platte oft über 30 Spektren aufzunehmen, so daß sich dieser Arbeitsaufwand auf viele Aufnahmen verteilt. Als wesentliche Aufgabe bleibt das Auswerten des Spektrums. Bei serienmäßigen Analysen ähnlicher Proben, wie sie zur Betriebskontrolle häufig vorkommen, ist auch die Beurteilung des Spektrums nach der erstmaligen Auswertung schon mit wenigen Blicken möglich. Dazu ist die Nachweisempfindlichkeit außerordentlich hoch, so daß es in den meisten Fällen gelingt, Verunreinigungen von $^1/_{100}$%, oft sogar $^1/_{1000}$% und weniger zu erfassen. Ein weiteres, sehr wichtiges Anwendungsgebiet ist die Möglichkeit einer Lokalanalyse, wobei eine bestimmte Stelle eines Werkstückes auf seine Zusammensetzung untersucht werden kann. In allen diesen Fällen wird von der untersuchten Probe praktisch nichts verbraucht, so daß sie für weitere Untersuchungen unverändert zur Verfügung steht. Die Entwicklung der Methode hat weiter dazu geführt, daß es praktisch von untergeordneter Bedeutung ist, ob die Elemente metallisch, in Form ihrer Salze oder deren Lösungen vorliegen.

Schon bei der okularen Betrachtung der Spektren erhält man ein qualitatives und oft auch rohes quantitatives Ergebnis. Eine genauere quantitative Analyse erfordert zwar noch eine Bestimmung der Intensitäten der Spektrallinien durch photometrische Messung, ohne daß dadurch die Spektralanalyse ihren Charakter als Schnellanalyse verliert.

Es bleiben natürlich noch große Gebiete den rein chemischen Methoden vorbehalten, vor allem die Bestimmung einer Reihe von Nichtmetallen. Ferner beschränkt sich die quantitative Spektralanalyse auf Fälle, bei welchen in einer vorliegenden Grundsubstanz geringe Zusätze und Verunreinigungen festzustellen sind. Denn die Genauigkeit der quantitativen Analyse liegt nur selten unter ± 2—3%, kann aber in weniger günstigen Fällen auch ±5—10% des erhaltenen Wertes betragen. Es ist also möglich, in einer Probe Zusätze von 0,50 und 0,55% oder solche von 0,050 und 0,055% unterscheiden zu können, was in den meisten Fällen durchaus ausreichend ist. Bei höheren Gehalten bleibt der prozentische Fehler gerade so groß, so daß man auch eine Konzentration von 20% u. U. nur auf ±5—10% genau angeben kann. Daraus ergibt sich, daß der Vorteil der Spektralanalyse hauptsächlich bei kleinen Gehalten zur Geltung kommt, während die genaue Bestimmung höherer Konzentrationen der chemischen Analyse vorbehalten bleibt.

I. Allgemeine Grundlagen.

Lichtanregung.

Da die Spektralanalyse auf einer Zerlegung des Lichtes beruht das die Atome im Dampfzustand aussenden, werden zunächst die für die Lichtaussendung in Frage kommenden Anregungsmöglichkeiten kurz erwähnt. Als erste kommt die altbekannte *Flammenfärbung* in Betracht. Sie ist im wesentlichen auf die Alkali- und Erdalkalimetalle beschränkt. Für den Nachweis der Schwermetalle sind energiereichere Anregungsarten erforderlich. Als solche werden in erster Linie der elektrische *Lichtbogen* und der *Funkenübergang* verwendet. Andere Anregungsarten, wie Elektronenstoß oder Röntgenstrahlen kommen für die optische Spektralanalyse nicht in Frage. Lediglich die Analyse von Gasen, die jedoch auf wenige Fälle beschränkt ist, wird im *Geisslerrohr* vorgenommen (*20*)[1].

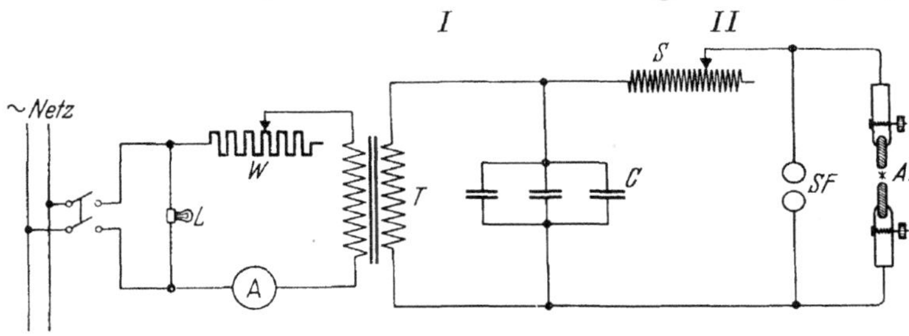

Abb. 1. Schaltschema des kondensierten Funkens.

Die einfachste elektrische Anregung ist der *Lichtbogen* (*29*), den man direkt zwischen den zu untersuchenden Proben übergehen läßt. Er wird mit einer Gleichspannung von 60—200 Volt betrieben. Liegt die Probe als Pulver vor, so wird sie in die Höhlung einer spektralreinen Kohle oder auf eine reine Cu-Elektrode gebracht. In vielen Fällen ist die bei einem längere Zeit brennenden Bogen eintretende starke Erhitzung der Proben nicht wünschenswert. In diesem Falle wird der Bogen periodisch zum Erlöschen gebracht (*29*). Eine solche Anregung nennt man im

[1] Die eingeklammerten Zahlen bezeichnen die Seiten, auf denen der besprochene Gegenstand wieder erwähnt wird. Schrifttumshinweise werden als Fußnoten gegeben.

Gegensatz zum *Dauerbogen* den *Abreißbogen*. Die Funkenanregung wird im *kondensierten Funken* (*32*) vorgenommen, dessen einfachste Form in der vorliegenden Abb. 1 zu ersehen ist. Der Kondensator *C* wird von dem Hochspannungstransformator *T* aufgeladen, bis die zum Funkenübergang in der Funkenstrecke *AF* notwendige Spannung erreicht ist. Die Entladung geschieht meist über eine variable Selbstinduktion *S*. *SF* dient als Sicherheitsfunkenstrecke. Diese einfache Anordnung zeigt jedoch keinen ganz regelmäßigen Funkenübergang, da der Überschlag stets dann eintritt, wenn die Spannung am Kondensator die Überschlagspannung erreicht hat. Diese hängt von der vom vorhergehenden Überschlag noch vorhandenen Ionisation der Atmosphäre zwischen den Elektroden und damit von unübersehbaren Zufälligkeiten ab.

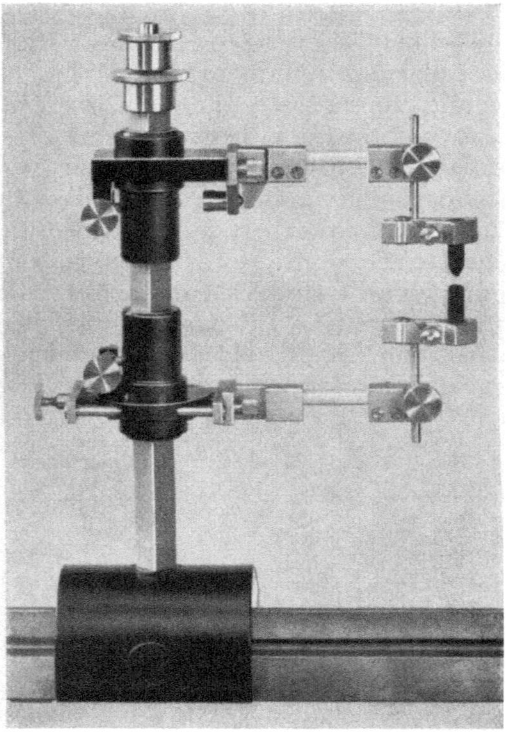

Abb. 2. Funkenstativ (Zeiss).

Die im Handel erhältlichen Funkenerzeuger sind deshalb mit Schaltungen und Einrichtungen versehen, welche diese Mängel beseitigen. Wir werden sie später bei der quantitativen Analyse besprechen (*64*). Zu den nächsten Versuchen kann ein beliebiger Funkenerzeuger verwendet werden.

Für die Aufnahmen werden von den zu untersuchenden Proben kleine Stücke als Elektroden zwischen die Backen der Elektrodenhalter eines Funkenstativs eingeklemmt. Abb. 2 zeigt eine Ausführung eines solchen Stativs. Die Hauptsache ist, daß die Elektroden leicht in der Horizontalen und der Vertikalen verstellt werden können. Eine praktische Ausführung ist eine solche, bei der sowohl das ganze Stativ, als auch die einzelnen Halter leicht an isolierten Griffen hin- und herbewegt werden können.

Da viele Metalldämpfe *gesundheitsschädlich* sind (*91*), empfiehlt es sich, das Funkenstativ unter einen kleinen Abzug zu stellen. An der dem Spektrographen zugekehrten Seite muß nötigenfalls ein Quarzfenster angebracht werden, damit U.V.-Licht hindurch treten kann. Eine andere Seite des Gehäuses soll leicht zu öffnen sein, damit man die Elektroden im Funkenstativ rasch auswechseln kann. In vielen Fällen genügt es auch, über oder unter dem Funken eine gute Absaugvorrichtung mit einem Trichter anzubringen.

Spektralapparat.

Für die Zerlegung des Lichtes nach seinen einzelnen Wellenlängen benützt man zwei Erscheinungen, entweder die Beugung oder die Brechung. Auf der Beugung beruhen die Gitterapparate,

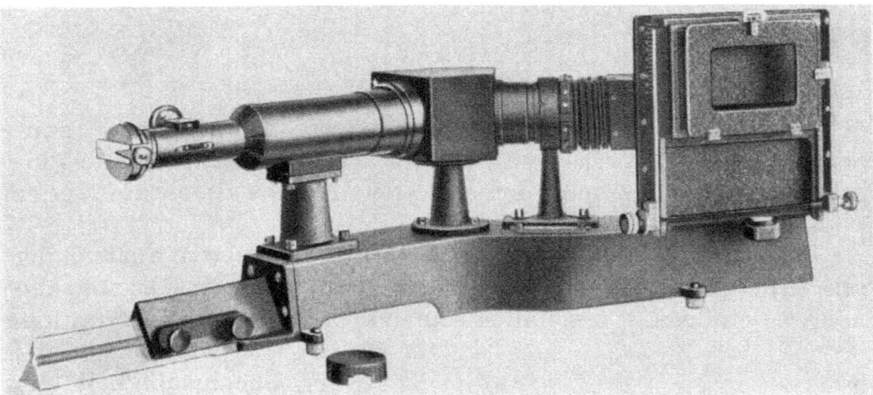

Abb. 3. Quarzspektrograph mit mittlerer Dispersion (FUESS).

auf der Brechung die Prismenapparate. Die Gitterapparate haben zwar den Vorteil einer zur Wellenlänge proportionalen Ablenkung und meist einer größeren Dispersion. Durch Überlagerung der Spektren verschiedener Ordnung und die unvermeidlichen Gittergeister entstehen Schwierigkeiten, die noch nicht überwunden sind. Da in Deutschland ausschließlich Prismenapparate für die Zwecke der praktischen Analyse verwendet werden, beschränken wir die Beschreibung auf solche[1]. Abb. 3 und 4 zeigen Quarzspektrographen mittlerer und hoher Dispersion.

Der Strahlengang der Prismenapparate ist in Abb. 5 wiedergegeben. Die Strahlen treten in den Apparat durch den Spalt S

[1] Eine Beschreibung der verschiedenen Spektrographentypen sowie von Hilfs- und Nebenapparaten findet sich bei F. Löwe, „Optische Messungen des Chemikers und Mediziners". Dresden 1939.

ein, der im Brennpunkt der Kollimatorlinse K liegt. Diese Kollimatorlinse wirft infolgedessen paralleles Licht auf das Prisma P, das die Lichtstrahlen in die einzelnen Lichtarten zerlegt. Diese treten als parallele Lichtbündel unter verschiedenen Winkeln aus

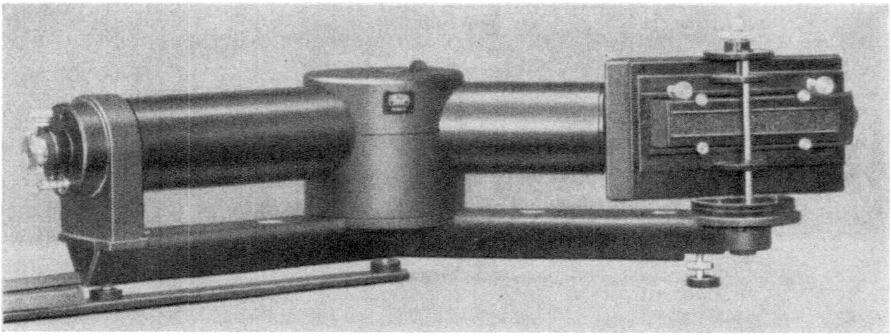

Abb. 4. Großer Quarzspektrograph (ZEISS).

dem Prisma aus und treffen auf die Kameralinse L. In der Brennebene dieser Linse erhalten wir dann scharfe Spaltbilder der einzelnen Lichtfrequenzen, die entweder okular beobachtet oder photographiert werden können.

Der Spalt besteht aus zwei Metallbacken, deren Entfernung mit Hilfe einer Mikrometerschraube verstellbar ist. Die Backen müssen sehr genau geschliffen sein und genau parallel verlaufen. Hiervon hängt die Gleichmäßigkeit der Schwärzung der Spektrallinie wesentlich ab.

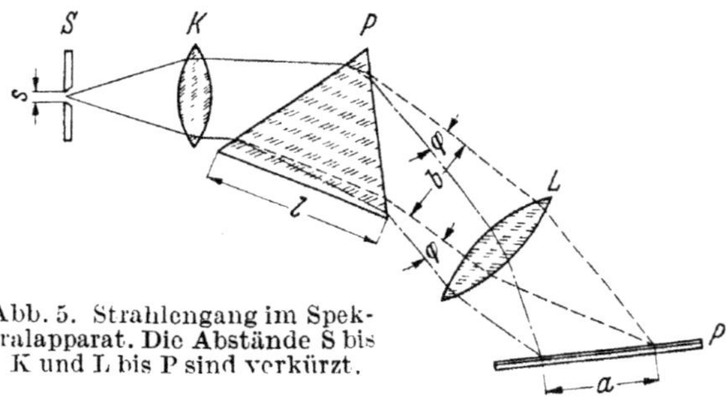

Abb. 5. Strahlengang im Spektralapparat. Die Abstände S bis K und L bis P sind verkürzt.

Der Kollimator sorgt dafür, daß die vom Spalt kommenden Lichtstrahlen parallel auf das Prisma fallen. Dies ist für Strahlen verschiedener Wellenlänge nur dann der Fall, wenn der Kollimator als Achromat ausgebildet ist. Ist dies nicht der Fall, so muß der Fehler durch eine entsprechende Korrektur des optischen Systems ausgeglichen werden.

Das Prisma ist der wesentliche Bestandteil des Apparates. Von seinen Abmessungen hängt die Leistungsfähigkeit des Spektrographen ab. Der brechende Winkel beträgt meist 60°. Das Prisma wird so aufgestellt, daß die einfallenden mit den austretenden

Strahlen den kleinstmöglichen Winkel bilden. Dies ist dann der Fall, wenn die Strahlen innerhalb des Prismas parallel der Basisfläche verlaufen. In Wirklichkeit liegt wegen der Abhängigkeit des Brechungsindex von der Wellenlänge nur eine ganz bestimmte Wellenlänge im Minimum der Ablenkung; für diese ist der Strahlengang im ganzen Spektralapparat „symmetrisch". Meist wird die Anordnung so gewählt, daß für den mittleren Teil des durch den Spektrographen abgebildeten Spektrums die Minimumstellung erfüllt ist. Die dann nach längeren und kürzeren Wellen vorhandenen Abweichungen können in Kauf genommen werden. Streng genommen durchlaufen nur die Strahlen, die direkt aus dem Brennpunkt kommen, der praktisch durch die Spaltmitte dargestellt wird, das Prisma im Minimum der Ablenkung. Die Strahlen über und unter der Spaltmitte werden etwas mehr abgelenkt. Aus diesem Grunde sind alle Spektrallinien in Prismenapparaten gekrümmt (*51*). Vor allem bei kleineren Apparaten ist dies deutlich festzustellen.

Abb. 6. Spektrographenspalt (ZEISS).

Die Anforderungen an die Kameralinse sind weniger eine große Farbenrichtigkeit, als vielmehr eine gute sphärische Richtigkeit wegen der verschiedenen Winkel der auftreffenden Lichtstrahlen. Die Kamera muß so konstruiert sein, daß die Brennpunkte für alle in Frage kommenden Wellenlängen auf der Photoplatte liegen. Da die Brennweite der Kameralinse für kleine Wellenlängen kürzer ist als für lange, muß die Platte auf der kurzwelligen Seite näher an der Linse liegen. Da aber die Brennweite einer Linse nicht linear von der Wellenlänge abhängt, so müßte der Film oder die Platte eigentlich gekrümmt sein. Praktisch ist dies nur sehr schwer durchzuführen. Man erreicht bei guten Spektrographen auch großen Formats durch Schrägstellung der Kamera und Korrektion der Kameralinse, daß alle Linien genügend scharf in einer Ebene sind, so daß fast ebene Platten benützt werden können. Auch haben die meisten Apparate eine Irisblende vor der Kameralinse, um die Randstrahlen abzublenden (*10*). Die Lichtstärke ist charakterisiert durch das Öffnungsverhältnis, welches in den meisten Fällen zwischen 1:8 und 1:20 gewählt wird. Unter dem Öffnungsverhältnis wird verstanden der Quotient aus dem Linsendurchmesser und der Brennweite der Kameralinse. Falls die Kameralinse mit einer Blende versehen ist, tritt ihr Durchmesser an die Stelle des Linsendurchmessers.

Als Material für die Optik der Spektralapparate kommen für sichtbares Licht Glas, für ultraviolettes Quarz und Flußspat in Frage, für ultrarotes Steinsalz. Bei doppelbrechenden Medien ist es notwendig, daß die Grundfläche des Prismas parallel der optischen Hauptachse des Kristalls verläuft. Um die Doppelbrechung infolge der elliptischen Polarisation beispielsweise bei Quarz zu vermeiden, ist es notwendig, daß das Prisma aus zwei spiegelbildlichen Teilen sich zusammensetzt, also aus Rechts- und Linksquarz. Ein solches Prisma nennt man Cornu-Prisma.

Zur Theorie der Spektrographie.

Der Spektralanalytiker kommt häufig in die Lage, mit den Begriffen Dispersion, Auflösungsvermögen und Helligkeit zu arbeiten. Es ist nun sehr wichtig, ihre Bedeutung richtig zu kennen, denn sie werden oft benutzt, ohne daß ihrer Definition Rechnung getragen wird. Wir müssen zu diesem Zweck einen Abschnitt einfügen, der sich mit der physikalischen Deutung dieser Begriffe befaßt.

Es ist bekannt, daß der Brechungsindex und damit auch die Ablenkung, die ein Lichtstrahl in einem Prisma erfährt, mit abnehmender Wellenlänge zunimmt und zwar um so schneller, je mehr wir uns dem kurzwelligen Ende des Spektrums nähern. Unter „Dispersion“ (D) versteht man schlechthin die Abhängigkeit des Brechungsindex von der Wellenlänge:

$$D = \frac{d\,n}{d\,\lambda}\,.$$

Daneben wird noch mit den Begriffen der Winkeldispersion $\varDelta = \frac{d\,\varphi}{d\,\lambda}$ und der linearen Dispersion gearbeitet. Für kleine endliche Werte von φ und $(\lambda_2 - \lambda_1)$ ist dann die Winkeldispersion der Winkel, unter dem zwei Strahlenbündel das Prisma verlassen, deren Wellenlängendifferenz 1 Å beträgt. Die lineare Dispersion ist dann der entsprechende Abstand a auf der Photoplatte. Zur Kennzeichnung der „Dispersion des Spektrographen" verwendet man gewöhnlich den reziproken Wert der linearen Dispersion, also die Wellenlängendifferenz zweier Spektrallinien, die auf der Platte 1 mm voneinander entfernt erscheinen:

$$\frac{\lambda_2 - \lambda_1}{a} \, .$$

Dispersion der Spektrographen

Zeiß 13 × 18 Quarz		Zeiß Qu 24	
λ	Å/mm	λ	Å/mm
3970	50	3970	33
3250	26	3250	19
2800	17	2800	12
2600	12	2600	9
2350	9	2350	7
2130	6,5	2130	5

Die Dispersion D ist eine Materialkonstante der Prismensubstanz. Die Winkeldispersion Δ dagegen hängt außerdem vom brechenden Winkel und dem Einfallswinkel des Strahlenbündels ab. Sie ist am kleinsten bei symmetrischem Durchgang des Bündels durch das Prisma, d. h. wenn das eintretende und austretende Strahlenbündel mit den Prismenflächen gleiche Winkel bilden. Man nennt dies die Minimumstellung des Prismas (7). Für diese Minimumstellung, die bei allen Spektralapparaten angestrebt wird, gilt die folgende Gleichung, wenn l die Länge der Prismenbasis und b die Breite des Lichtbündels ist, die durch den Einfallswinkel und die Größe der Prismenfläche gegeben ist (vgl. Abb. 5):

1) $$\frac{d\varphi}{d\lambda} = \frac{l}{b}\,\frac{dn}{d\lambda}$$

oder $$\Delta = \frac{l}{b} \cdot D \, .$$

Hieraus ist zu ersehen, daß mit wachsendem n und abnehmendem b die Winkeldispersion zunimmt.

Im Gegensatz zur Winkeldispersion ist die lineare Dispersion auch noch von der Kameralinse abhängig und läßt sich durch diese beliebig vergrößern. Nun wissen wir aber z. B. daß von einem kleinen Taschenspektroskop die beiden gelben Natriumlinien 5895,93 und 5889,97 nicht getrennt werden, sondern als eine einzige Linie erscheinen, und es ist mit Anwendung noch so starker Vergrößerungen nicht möglich, diese Trennung zu erzwingen. Für die Beurteilung eines Spektralapparates ist also nicht die Dispersion allein maßgebend, sondern das Auflösungsvermögen (A). Dieses ist definiert als die betrachtete Wellenlänge dividiert durch die Wellenlängendifferenz $d\lambda$, die zwei Linien in diesem Spektralgebiet haben müssen, um eben noch getrennt zu erscheinen.

$$A = \frac{\lambda}{d\lambda}.$$

Wenn z. B. die beiden Natriumlinien getrennt werden sollen, dann muß

$$A \approx \frac{5890}{6}$$

also ungefähr gleich 1000 sein. Die Trennung der Linien des Eisentriplets 3099,97 Å; 3100,30 Å und 3100,67 Å, die unsere großen Modelle noch leisten, bedingt dagegen ein Auflösungsvermögen von 10000.

Die Begrenzung des Auflösungsvermögens hat ihren Grund in der Beugung des Lichtes an der engsten Öffnung des optischen Systems (meist begrenzt von den Prismenkanten).

Je schräger die Strahlen durch das Prisma hindurchgehen, je kleiner also die Breite des Lichtbündels wird, desto größer wird das Beugungsbild für die einzelnen Lichtwellenlängen und damit die Auflösung kleiner. Die mathematische Behandlung ergibt, daß das Auflösungsvermögen gleich ist dem Produkt der Winkeldispersion und Bündelbreite, also

$$A = \frac{d\varphi}{d\lambda} \cdot b = \Delta \cdot b\,. \tag{2}$$

Für die Abblendung der Kameralinse ergibt sich eine Folgerung: Ihre Abblendung vermindert die sphärischen Abbildungsfehler, verkleinert aber gleichzeitig den Querschnitt b des Strahlenbündels. Wie wir aus der Gleichung (2) sehen, wird dadurch das Auflösungsvermögen A kleiner.

Bei der Winkeldispersion wurde erwähnt, daß sie bei der Minimumstellung, die bei den Spektrographen für mittlere Wellenlängen eingestellt wird, am kleinsten ist. Dies scheint auf den ersten Blick ungünstig. Die Bündelbreite ist jedoch hier am größten, so daß trotzdem das Produkt

$$b\,\frac{d\varphi}{d\lambda}$$

für die Minimumstellung ein Maximum hat.

Kombiniert man die Formel 2 mit der Formel 1, so fällt die Breite des Lichtbündels heraus und man erhält für das Auflösungsvermögen die Formel

$$A = -l \cdot \frac{dn}{d\lambda} = -l \cdot D ,$$

d. h. das Auflösungsvermögen ist abhängig von der Dispersion des Prismen-Materials und der Breite der Prismenbasis. Das Vorzeichen — ist nötig, weil n mit wachsendem λ abnimmt. An dem Beispiel der beiden Natriumlinien können wir nunmehr zeigen, wie groß die Basislänge sein muß, um eine Trennung sichtbar zu machen. Die Wellenlängendifferenz ist 6×10^{-8} cm, für Flintglas ist die Differenz der Brechungsexponenten 5×10^{-5}. Die Basislänge l ergibt sich hieraus $= 1{,}2$ cm. Diese ist also mindestens erforderlich, um eine Trennung herbeizuführen.

Will man ein hohes Auflösungsvermögen erzielen, so muß entweder die Bündelbreite und damit die Basislänge des Prismas vergrößern oder die Winkeldispersion erhöhen. Ersterem ist dadurch eine Grenze gesetzt, daß man Linsen und Prismen vor allem aus Quarz nicht in beliebiger Größe herstellen kann. Dagegen wird in manchen Apparaten die Winkeldispersion durch Hintereinanderschalten mehrerer Prismen erhöht.

Das bisher über das Auflösungsvermögen Gesagte gilt allerdings streng genommen nur für einen unendlich schmalen Spalt. In Wirklichkeit muß man die Breite (s) des Spaltes berücksichtigen. Beim Öffnen des Spaltes wird auch sein Bild, die Spektrallinie, breiter und daraus ergibt sich von selbst, daß bei schmalem Spalt noch getrennte Linien sich bei einer Verbreiterung schließlich berühren und überdecken. Für das praktische Auflösungsvermögen (Reinheit R) gilt folgende Gleichung:

$$R = \frac{\lambda}{s\psi + \lambda} \cdot A$$

wobei ψ das Öffnungsverhältnis des Kollimators ist. In der Praxis wird man sich die richtige Spaltbreite so auswählen, daß einerseits die notwendige Auflösung erreicht wird, auf der anderen Seite die Helligkeit der Linien nicht notleidet.

Wenn die Auflösung ausreicht, um zwei Spektrallinien zu trennen, so ist damit noch nicht unbedingt sicher, daß sie auch als zwei getrennte Linien auf der Platte erscheinen. Die Körnung der photographischen Platte muß genügend fein sein, kann aber aus phototechnischen Gründen eine bestimmte Größe nicht unterschreiten. Hier setzt nun die Bedeutung der Vergrößerung durch die Kameralinse ein. Ihre Brennweite muß so gewählt werden, daß die beiden Linien auf zwei getrennte Körnerreihen fallen. Wählt man die Brennweite kleiner, so nützt man die Leistungsfähigkeit des Apparates nicht aus, wählt man sie größer, so kann man trotzdem keine bessere Trennung der Linien erhalten. Sie werden im Maß der mit der wachsenden Brennweite wachsenden Vergrößerung verbreitert, überdecken sich aber genau in der gleichen Weise wie vorher. Man erhält nur eine Leervergrößerung.

Zum Schluß wollen wir noch kurz auf die Bedeutung der Spaltbreite für die Helligkeit des Spektrums hinweisen. Wird ein verhältnismäßig breiter Spalt mit monochromatischem Licht beleuchtet, so ist die Flächenhelligkeit der beobachteten Spektrallinie unabhängig davon, ob man die Breite des Spaltes etwas verändert. Dies gilt nicht mehr, wenn der Spalt so eng ist, daß die Beugungserscheinungen an seinen Rändern an Einfluß gewinnen. In diesem Falle nimmt die Helligkeit der Linie mit der Verkleinerung des Spaltes ab, da die seitlich abgebeugten Strahlenbündel neben die Kollimatorlinse fallen und ihr Anteil an der insgesamt durch den Spalt tretenden Lichtintensität zunimmt. Um eine kurze Belichtungszeit bei der Spektralaufnahme zu erzielen, möchte man den Spalt möglichst öffnen. Man verschlechtert sich jedoch dadurch das praktische Auflösungsvermögen R, da die breiten Spaltbilder sich eher überdecken. Als rohe Regel kann gelten, daß die optimalen Bedingungen erreicht sind, wenn das praktische Auflösungsvermögen R etwa auf die Hälfte von A gesunken ist. Den Spalt weiter zu öffnen, hat also keinen Sinn, weil lediglich R abnimmt. Da nun das Licht jeder Spektrallinie nicht streng homogen ist, ändern sich die Intensitäten zweier Spektrallinien in Abhängigkeit von der Spaltbreite nicht in der gleichen Weise; ihr Intensitätsverhältnis ist also von der Spaltbreite abhängig. Dies ist in der quantitativen Spektralanalyse zu beachten.

Entstehung der Spektren.

Die Ursache der Lichtausstrahlung liegt in Vorgängen in den Atomen selbst, von denen wir hier ein sehr vereinfachtes Bild geben wollen, soweit es eben für das Verständnis bestimmter Erscheinungen notwendig ist. Bekanntlich bestehen die Atome aus einem Kern, welcher gleichzeitig den Sitz der Masse der Atome bildet. Dieser Kern ist positiv geladen, und zwar ist die Zahl seiner freien positiven Ladungen gleich der Ordnungszahl des Elementes. Diese positiven Ladungen werden elektrisch kompensiert durch die gleiche Anzahl negativer Elektronen, die sich in bestimmten Abständen vom Kern auf Bahnen bewegen. Das einfachste Atom ist das Wasserstoffatom. Sein Kern besitzt die Masse und Ladung 1 und wird umkreist von einem negativen Elektron. Dabei beschreibt dieses eine bestimmte Bahn, die der eines Planeten vergleichbar ist. Das Gleichgewicht stellt sich ein zwischen der Zentrifugalkraft infolge der Bewegung des Elektrons und der elektrischen Anziehungskraft der verschiedenen Ladungen von Kern und Elektron. Ein solches Elektron ist nun nicht unbedingt an seine Normalbahn gebunden, sondern kann unter dem Einfluß von Energiezufuhr ganz genau definierte Bahnen, die höheren Energiezuständen des Atoms entsprechen, einnehmen. Der normale Zustand, bei welchem das Elektron sich in der größten Kernnähe befindet, wird Grundzustand genannt. Ist das Elektron durch thermische oder elektrische Anregung in einen sog. angeregten Zustand übergeführt worden, so kehrt es nach ganz kurzer Verweilzeit in den Grundzustand zurück und gibt die aufgenommene Energie in Form von Strahlung von ganz bestimmter Frequenz wieder ab. Hat man eine Vielheit von Atomen in verschiedenen Anregungszuständen, wie das praktisch bei der Lichtanregung der Fall ist, so erhält man im Spektrographen ein Linienspektrum, dessen Linien gesetzmäßige Abstände voneinander aufweisen. Man hat sie deshalb in Serien eingeteilt; die Frequenzen[1] der einzelnen Linien gehorchen dabei einfachen Gesetzen von der Form:

$$\nu = R\left(\frac{1}{m^2} - \frac{1}{n^2}\right).$$

Hier bedeutet R eine Konstante, die sich experimentell und theoretisch bestimmen läßt; m und n sind ganze Zahlen und charakterisieren die verschiedenen Anregungszustände. R/m^2 ist der sog. feste oder *Grundterm*. Er kennzeichnet eine bestimmte Serie, innerhalb welcher er konstant bleibt. R/n^2 ist der *Laufterm* und charakterisiert die einzelnen Linien einer Serie. m und n sind die sog. *Laufzahlen*. n ist innerhalb einer Serie mindestens um 1 größer als m und kann alle Werte von $m + 1$ an annehmen. Die Grund- oder Hauptserie eines Elementes beginnt mit $m = 1$, während n die Werte 2, 3, 4 usw. annimmt. Beim Wasserstoff unterscheiden wir mehrere Liniengruppen oder Serien, die sich alle auf die obengenannte Formel bringen lassen. Es sind dies hauptsächlich eine ultraviolette Serie, die sog. Lyman-Serie, eine sichtbare, die Balmer-Serie, nach dem Entdecker dieser Gesetzmäßigkeit genannt, und eine ultrarote Serie, die sog. Paschen-Serie. Für die Lyman-Serie ist $m = 1$, für die Balmer-Serie $m = 2$ und für die Paschen-Serie $m = 3$. Die verschiedenen Linien der

[1] Während in der Physik die Frequenz zur Charakterisierung einer Welle benutzt wird, bedient sich der Spektralanalytiker meist der Wellenlänge oder ihres reziproken Wertes, der Wellenzahl pro cm (w). Die drei Größen verbindet folgende Gleichung:

$$\nu = \frac{c}{\lambda} = c \cdot w . \qquad c = \text{Lichtgeschwindigkeit}.$$

Balmer-Serie beispielsweise gehorchen entsprechend der obigen Formel folgenden Geichungen:

Die erste Linie oder das erste Glied heißt

$$\nu_1 = R\left(\frac{1}{2^2} - \frac{1}{3^2}\right).$$

Das zweite Glied heißt

$$\nu_2 = R\left(\frac{1}{2^2} - \frac{1}{4^2}\right) \text{ usw.}$$

Das Wasserstoffatom mit nur einem Elektron ist am leichtesten zu übersehen (*22*). Mit zunehmender Zahl der Elektronen wird der Aufbau der Atome immer verwickelter und läßt sich nicht mehr im voraus berechnen. Einblick in die Anordnung der Elektronen in den Atomen gab in erster Linie die Erforschung der Röntgenspektren. Die Anordnung der Elektronen geschieht in großen Zügen folgendermaßen:

Jedes Elektron hat seine eigene Bahn. Die so entstehenden Bahnen werden in Gruppen, sog. ,,Schalen" zusammengefaßt. Ihre Zahl und ihr Aufbau kommt im periodischen System zum Ausdruck, wenn wir die Edelgase als achte Gruppe an die rechte Seite setzen. Wie die Zahl der Elemente in den Perioden anwächst, steigt auch die Zahl der Bahnen, welche eine Schale bilden, und zwar so, daß jede Schale gerade soviel Bahnen umfaßt, wie die entsprechende Periode Elemente. Mit der Zahl der Elektronen und der Schalen wächst dabei ihr Abstand vom Kern.

Die innerste Schale besteht aus zwei Bahnen, entsprechend den zwei Elementen der ersten Periode. Die zweite und dritte Schale enthalten je acht Elektronen, entsprechend den acht Elementen der zweiten und dritten Periode. Auf der vierten Schale sind 18 Elektronen angeordnet usw. Jeweils mit einem Edelgas ist eine Schale abgeschlossen und bei einem Alkaliatom beginnt der Bau einer neuen Schale. Zwangsläufig ergibt sich daraus, daß die Zahl der Außenelektronen, d.h. die Zahl der Elektronen, die sich bei einem Element auf der äußersten, nicht abgeschlossenen Schale befindet, gerade gleich seiner chemischen Valenz ist. Dies gilt streng für die ersten Elemente jeder Periode. Bei mehrwertigen Elementen, sowie bei den Untergruppen des periodischen Systems liegen die Verhältnisse infolge der Wechselwirkung der einzelnen Elektronengruppen nicht mehr so einfach. Für die optischen spektralen Erscheinungen sind jedoch nur die Außenelektronen maßgebend, während die Röntgenstrahlen in den inneren Schalen entstehen. Der Mechanismus der Lichtanregung ist dabei bei allen Elementen derselbe. Eines der Valenzelektronen wird durch

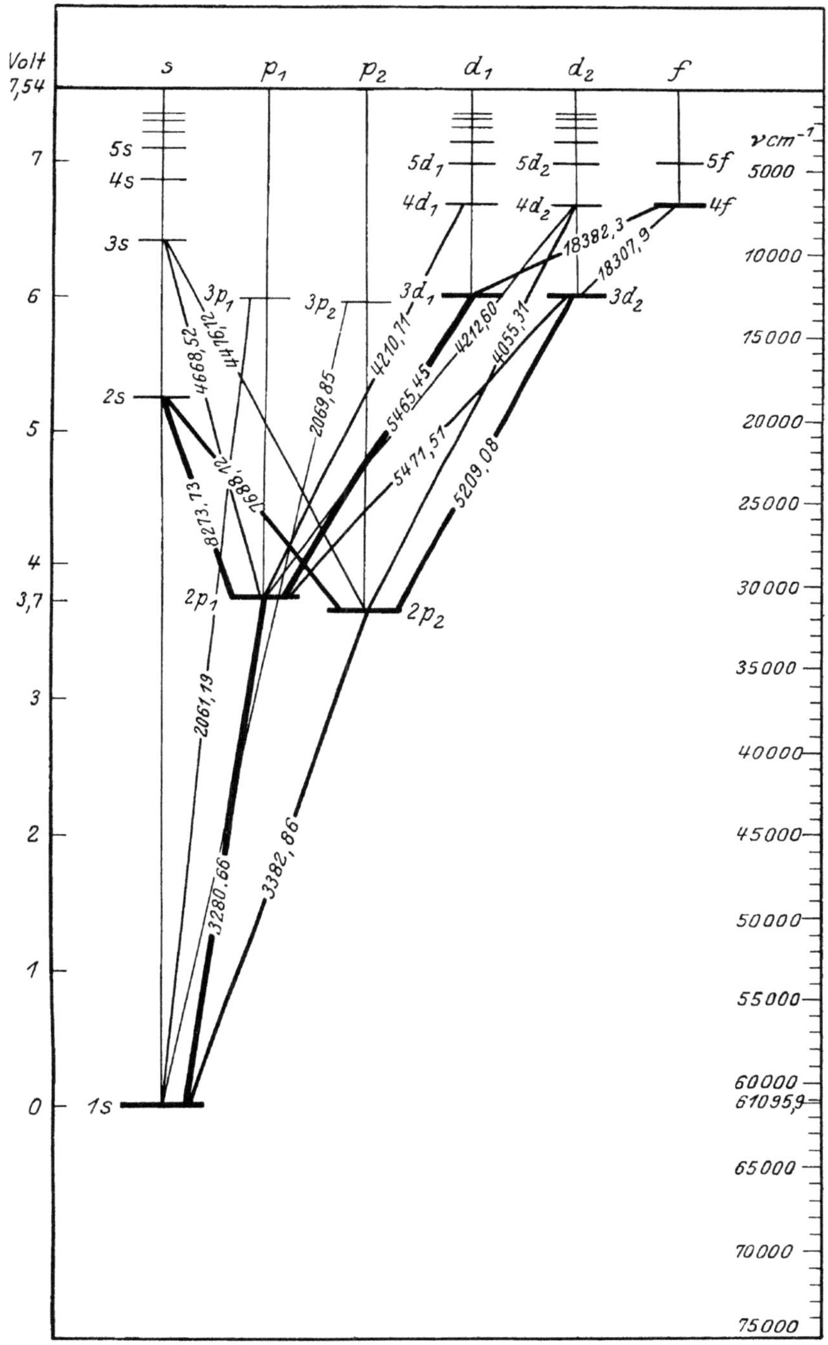

Abb. 7. Termschema des Silbers nach GROTRIAN.

Energiezufuhr in eine höhere Bahn gebracht, die normalerweise von keinem Elektron besetzt ist. Das Atom kommt dadurch in den angeregten Zustand. Wie beim Wasserstoffatom kehrt das Elektron nach kurzer Verweilzeit auf eine freie Bahn zurück, die durch bestimmte Gesetzmäßigkeiten festgelegt ist. Dabei gibt es die zuerst aufgenommene Energie in Form von Strahlung einer optischen Frequenz ab. Energie und Frequenz stehen in gesetzmäßigen Zusammenhang. Es gilt:

$E = h \cdot \nu = h \cdot c/\lambda$, wo h das Plancksche Wirkungsquantum ($6{,}607 \times 10^{-27}$ erg. sec) ist. Um die möglichen Übergänge und damit die auftretenden Spektrallinien bildlich darzustellen, bedient man sich des Grotriandiagrammes. Als Ordinate wird die Frequenz in cm^{-1} oder die Energie in Volt aufgetragen. Auf der Abszisse werden die Quantenzustände nebeneinander gestellt. Verbindungslinien der Niveaux bezeichnen die Spektrallinien. In Abb. 7 ist ein Schema von solchen Energiezuständen im Falle des Ag angegeben. Das unterste Niveau entspricht dem Normalzustand, die verschiedenen waagrechten Linien angeregten Zuständen. Dabei kann nun weiter der Fall auftreten, daß die angeregten Zustände nicht einfach, sondern mehrfach sind. Beispielsweise bestehen für den ersten angeregten Zustand beim Ag zwei Möglichkeiten; welchen Zustand die Elektronen einnehmen, wird durch eine Wahrscheinlichkeit ausgedrückt.

Praktisch ist es so, daß im Mittel bei vielen Atomen ein Teil in den Zustand 1, ein anderer in den Zustand 2 übergeht. Im Spektrum tritt bei einer solchen Duplizität eines Terms an Stelle einer einfachen Linie jedesmal ein Linienpaar auf. Beim Ag haben wir also eine sog. *Dublett*struktur, während bei einfachem Bau nur eine Linie entsteht. Beim Wasserstoff setzt sich eine Serie aus Gruppen einfacher Linien zusammen, wie etwa die Lyman-Serie. Beim Ag dagegen besteht eine Hauptserie aus Liniengruppen von je zwei Linien. Die Zahl der Linien einer Gruppe steigt nach der rechten Seite des periodischen Systems stark an. (Näheres Aufgabe 6.) Führt man den Atomen immer größere Energiemengen zu, so erreicht man einmal den Betrag, der eben ausreicht, um ein Elektron ganz aus dem Atomverband abzulösen. Man nennt ihn Ionisierungsenergie. Sie ist durch den oberen waagerechten Abschluß des Termschemas gekennzeichnet. Das Atom ist damit ionisiert und kann nun das sog. Ionenspektrum aussenden, dem wieder ein eigenes Termschema zukommt. Da der Ionisierungsvorgang hauptsächlich im Funken vorkommt, nennt man diese Spektren auch *Funkenspektren.* Bei Zufuhr größerer Energiemengen können auch zwei und mehr Elektronen abgespalten werden.

Will man eine Linie als Atomlinie oder Linie des ein-, zwei- oder dreifach ionisierten Zustandes kennzeichnen, so schreibt man neben die Wellenlänge z. B. bei Al die Symbole: Al; Al^{+}; Al^{++} oder Al^{+++}; auch die Bezeichnungen Al I für die Atomlinie und Al II, Al III, Al IV für den einfach, zweifach und dreifach ionisierten Zustand sind gebräuchlich.

Für die Spektralanalyse ergibt sich aus der Serienstruktur folgende wichtige Grundtatsache: Jede Atomart sendet auf Grund ihres Aufbaues ein bestimmtes für sie charakteristisches Spektrum aus. Die stärksten Linien dieses Spektrums sind immer die, die dem Übergang zwischen dem Grundzustand und dem ersten angeregten Zustand entsprechen. Es sind die *charakteristischen Linien* eines Elementes, und diese müssen auf alle Fälle vorhanden sein, wenn ein Atom oder sein Ion Licht ausstrahlt. Man nennt sie in der Spektroskopie *Grundlinien*. Nimmt die Konzentration eines Elementes ab, so sind es diese Linien, die zuletzt verschwinden. In der chemischen Spektralanalyse heißen sie daher vielfach die „*letzten Linien*“ oder *Analysenlinien* (*40*). Sucht man umgekehrt nach einem Element, so hat man nicht nach der gesamten Zahl seiner Linien, sondern nur nach diesen letzten Linien zu suchen. Diese Grundlinien können, wenn das Spektrum bekannt ist, direkt aus den Termschemen entnommen werden, oder aber man ermittelt sie selbst durch Aufnahmen, was im einzelnen noch gezeigt werden wird.

Da der bei der Spektralanalyse verwandte Effekt auf Gesetzmäßigkeiten in dem einzelnen Atom selbst beruht, kommt ihr eine absolute Eindeutigkeit zu, während der chemische Nachweis stets mit an bestimmte Bedingungen geknüpften Reaktionen verbunden ist.

Ein charakteristisches Merkmal dieser Grundlinien ist, daß sie besonders leicht in Absorption auftreten, weshalb man sie vielfach auch *Absorptions-* oder *Resonanzlinien* nennt (*67*). Ein jedes Atom oder entsprechend auch ein Ion besitzt die Fähigkeit, aus dem Grundzustand in den angeregten Zustand überzugehen, nicht nur durch Zuführung von thermischer Energie oder durch Elektronenstoß, sondern auch durch Strahlung und zwar gerade von der Frequenz, deren Energie dem Unterschied der beiden Zustände entspricht. Wenn also die Na-Atome infolge thermischer Anregung die beiden bekannten gelben Linien emittieren, so können im Dampfzustand befindliche Na-Atome dieselbe Strahlung absorbieren und dadurch das Licht auslöschen. Die aufgenommene Energie wird entweder in thermische Energie umgewandelt oder in Form von Resonanzstrahlung diffus nach allen Seiten ausgestrahlt. Wir sehen eine gelbe Na-Linie durch Na-Dampf hindurch dunkel und kennen diese Erscheinung in ganz besonderem Maße von den Fraunhoferschen Linien. Bei der photographischen Aufnahme eines Spektrums eines sehr energiereichen Funkens, bei dem sehr viel Metalldampf erzeugt wird, kann man daher die Beobachtung machen, daß die Grundlinien nicht schwarz erscheinen, sondern weiß mit schwarzen Rändern [Selbstumkehr (*67*)]. Linien, welche vielfach auch in Absorption auftreten, sind in der Spektroskopie durch ein *R* gekennzeichnet.

II. Qualitative Analyse.

Aufgabe 1.

Analyse in der Bunsenflamme.

Apparate: Einfaches Handspektroskop oder kleiner Glasprismen-Spektralapparat. Bunsenbrenner, Stativ.

Proben: NaCl, KCl, TlCl, $CaCO_3$, $SrCO_3$, $BaCO_3$, (RbCl).

Aufgabe: Beobachtung der Hauptlinien der Alkalien- und Erdalkalien. Feststellung ihrer Lage auf der Skala. Ausführung einfacher, qualitativer Analysen.

Zu den ersten Übungen, die man mit einem kleinen Spektralapparat oder einem sog. Taschenspektroskop ausführen kann, eignen sich am besten die Spektren der Alkali- und Erdalkalimetalle und des Thalliums und Indiums. Diese sind leicht zu erhalten, indem man ihre Salze an einem Magnesiastäbchen oder auf einem kleinen Eisenlöffel, den man in ein Stativ einspannt, in die Flamme eines Bunsenbrenners bringt und diese vor den Spalt des Spektralapparates stellt. Man verwendet mit Vorteil die Karbonate der Metalle, die man mit einem Tropfen Salzsäure anfeuchtet. Es wird keine Schwierigkeiten bieten, die Linien aufzufinden, und man kann sich überzeugen, daß die Breite der Linien von der Breite des Spaltes abhängig ist, indem man diesen während des Beobachtens auf- und zudreht. Die Abhängigkeit des Auflösungsvermögens von der Spaltbreite kann man leicht an den Na-Grundlinien zeigen (*63*). Man bemerkt beim Natriumspektrum, daß die bekannte gelbe Linie beim allmählichen Schließen des Spaltes sich in zwei Linien aufteilt (*11*), denen die Wellenlängen 5890,0 und 5895,9 Å zukommen. Von den Spektren der Alkalimetalle, des Thalliums und Indiums treten im sichtbaren Gebiet sehr einfache Linienbilder auf, die sich leicht ins Gedächtnis einprägen lassen. Man findet sie auch in manchen Lehrbüchern der Physik und Chemie abgebildet. Die Spektren der Erdalkalien sind bereits linienreicher, man kann sie sich aber ebenfalls leicht merken. Man beachte bei diesen Elementen auch die Banden, die von der Reaktion mit der Luft herrühren. Zeichnet man sich die Lage der auffallendsten Linien in den Einheiten der meist angebrachten willkürlichen Skala auf, so ist man in der Lage, eine qualitative Analyse auf diese Elemente auszuführen, wodurch man den Trennungsgang einer Vollanalyse schon beträchtlich abkürzen kann.

Die Empfindlichkeit dieser einfachen Methode ist schon außerordentlich hoch. Die kleinste Menge Kalzium, die auf diese Weise noch nachweisbar ist, wird zu $^{1}/_{10\,000}$ mg und von Natrium zu $^{3}/_{10\,000\,000}$ mg angegeben. Diese hohe Empfindlichkeit des Natriumnachweises hat zur Folge, daß wir in jedem Spektrum Na-Linien finden werden, da die Allgegenwartskonzentration (*98*) die Empfindlichkeitsschwelle bereits überschreitet. Trotz dieser hohen Empfindlichkeit läßt sich die Flammenanalyse in dieser Form nicht auf alle metallischen Grundstoffe erweitern. Erstens können schwerflüchtige Verbindungen nicht verdampft werden, und zweitens rücken die Grundlinien der Atome mit zunehmender Ordnungszahl nach dem ultravioletten Gebiet des Spektrums. Dadurch wird die für die Anregung aufzuwendende Energie immer größer und kann in der Bunsenflamme nicht mehr aufgebracht werden. Die z. B. der Linie 5890,0 Å beim Natrium entsprechende Linie des Kupfers hat die Wellenlänge 3247,5 Å und die entsprechende Goldlinie liegt sogar bei 2428,0 Å (*41, 42*).

Eine Verbesserung der Methode wird dadurch erreicht, daß man sich einer Azetylensauerstofflamme bedient und dieser die Lösung der zu untersuchenden Salze als fein zerstäubten Nebel zuführt. Auf diese Weise läßt sich die Flammenanalyse auf eine beträchtliche Zahl von Metallen ausdehnen[1] (*111*).

Als Übungsaufgabe beobachte man die Spektren einiger der erwähnten reinen Salze und notiere die Lage ihrer Linien. Dann lasse man sich einige Proben mischen und analysiere diese. Ferner vergleiche man die Spektren von Karbonaten und Chloriden (Na_2CO_3 und NaCl) um sich zu überzeugen, daß das Bild vom anwesenden Anion unabhängig ist. Daß keine Cl-, H-, C- oder O-Linien auftreten, ist durch ihre hohe Anregungsenergie bedingt.

Aufgabe 2.

Spektren der Gase.

Apparate: Ein Glasspektralapparat für okulare Beobachtung und Photographie. Induktorium. Je ein Entladungsrohr mit H_2, He, Ar, O_2, N_2, Luft, Hg-Lampe.

[1] Vgl. LUNDEGARDH: Die quantitative Spektralanalyse der Elemente. Jena: G. Fischer.

Aufgabe: Beobachtung der Spektren von H_2, He, Ar, Hg, Luft, O_2, N_2. Unterschiede der Banden- und Linienspektren. Aufsuchen der Balmerserie.

Es ist eine allgemein bekannte Tatsache, daß man Gase, unter vermindertem Druck in sog. Entladungsröhren eingeschlossen, zum Leuchten bringen kann. In kleinem Maße sieht man dies an den Geißlerröhren, die man als Kinderspielzeug verwendet, und im großen an den Leuchtröhren der Lichtreklame. Auch in der künstlichen Höhensonne wird Quecksilberdampf und in den Natriumlampen der Straßenbeleuchtung Natriumdampf zum Leuchten gebracht. Für unsere Zwecke verwenden wir am besten ein Rohr der abgebildeten Form (Abb. 8). Die Geißlerrohre werden gewöhnlich mit einem kleinen Induktorium betrieben.

Die Gase werden in ein solches Rohr gebracht und bei einem Druck von etwa 0,1—1 mm Quecksilber untersucht. Infolge der angelegten Spannung werden die in jedem Gas befindlichen Ionen an die Kathode befördert und lösen Elektronen aus. Diese bewegen sich zur Anode und treffen dabei mit den Gasmolekeln zusammen, welche sie zur Lichtaussendung anregen (*3*). Die Anregung erfolgt also rein durch Elektronenstoß. Die Geschwindigkeit der Elektronen ist außer vom Gasdruck von der Spannung abhängig, und je nach deren Größe erhalten sie eine bestimmte, sog. Voltgeschwindigkeit.

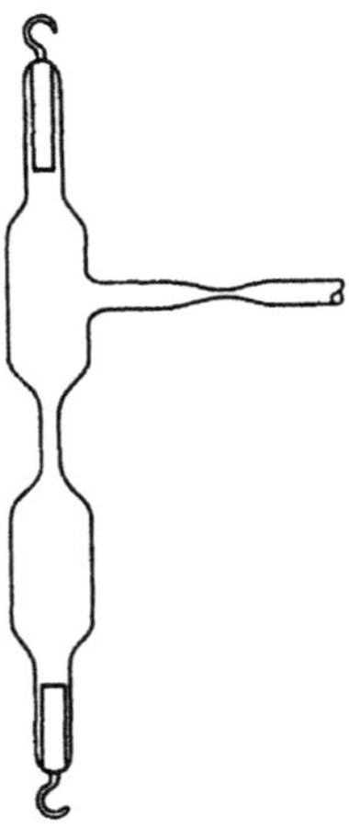

Abb. 8. Geißlerrohr.

Betrachtet man das Licht einer Geißlerröhre, die mit Stickstoff gefüllt ist, mit einem Spektroskop, so sieht man eine Reihe von breiten Banden, die nach ihrem langwelligen Ende scharf begrenzt sind, während sie nach der anderen Seite scheinbar diffus auslaufen. Mit einem Apparat größerer Dispersion erkennt man, daß diese Banden sich zusammensetzen aus einer großen Anzahl von Linien, deren Folge sich gegen das scharf begrenzte Ende stark verdichtet und dort abbricht. Diese Bandenlinien rühren von angeregten Gasmolekülen her. Das Spektrum eines Edelgases dagegen, in dem nur Atome vorliegen, z.B. des Heliums oder Argons, besteht aus Linien, wie wir sie von den Metallen her kennen. Wendet man eine genügend hohe Energie auf, daß die Elektronen im Geißlerrohr in der Lage sind, die Moleküle des Stickstoffs zu zerschlagen, so erhält man auch hier ein Atom-Linienspektrum, ebenso bei Wasserstoff und Sauerstoff.

Der Unterschied zwischen dem Banden- und Linienspektrum läßt sich am besten folgendermaßen zeigen: Wir betreiben den Funkenerzeuger mit niedriger Spannung (z. B. 110 V statt 220 V) und legen in den Hochspannungsstromkreis hintereinander in Serie 1. einen Kondensator (3000 cm), 2. eine Funkenstrecke, am besten ein sog. Funkenstativ, in das wir Fe-Elektroden einspannen, und zwar so, daß sich die Fe-Elektroden berühren, 3. das Geißlerrohr, das vor dem Spalt des Spektroskopes aufgestellt wird. Durch einen Vorschaltwiderstand im Primärkreis stellen wir den Strom so ein, daß eben eine Entladung in der Röhre stattfindet, die im Fernrohr

Abb. 9. Linien- und Bandenspektrum von Stickstoff.

des Spektralapparates deutlich zu sehen ist. Man kann nun die Helligkeit durch Erhöhen der Primärspannung oder Ausrücken des Vorschaltwiderstandes noch steigern, muß dabei nur darauf achten, daß das Entladungsrohr nicht zu heiß wird. Nun zieht man die Elektroden der Funkenstrecke auseinander, so daß dort eine Funkenentladung entsteht. Der eingeschaltete Kondensator kann sich nun immer nur dann entladen, wenn die Spannung zum Überschlag ausreicht. Dies hat zur Folge, daß wir nun im Spektrum die Linien der Stickstoffatome und Ionen erhalten und die Banden ganz zurücktreten (Abb. 9)[1]. Schließen wir die Funkenstrecke wieder kurz, so überwiegt wieder das Bandenspektrum der Mole-

[1] Aus technischen Gründen sind die Spektralaufnahmen teils so wiedergegeben, daß die Wellenlängen nach rechts zunehmen, wie man es von der okularen Beobachtung gewohnt ist, teils aber auch umgekehrt. Ist die Skala mit aufgenommen, so ist kein Irrtum möglich. Wenn keine Skala vorhanden ist, so erkennt man die Richtung steigender Wellenlänge daran, daß die Linien stets so gekrümmt sind, daß ihre konvexen Seiten auf der Seite sind, wo die langen Wellen liegen. Abb. 10 also hat steigende Wellenlänge von links nach rechts.

keln. Nach unseren Erfahrungen ist der Effekt am deutlichsten bei N_2, doch läßt er sich auch mit H_2 und O_2 sehr schön darstellen. Edelgase zeigen ihn selbstverständlich nicht, da diese stets aus Atomen bestehen. Das einfachste Spektrum besitzt das Wasserstoffatom, was schon (*13*) auseinandergesetzt wurde. Wir können leicht durch visuelle Beobachtung oder Photographie die Balmerserie kennenlernen. Die Wellenlängen der ersten Linien sind: 6562,8, 4861,3, 4340,5, 4101,7 Å. Je komplizierter der Aufbau der Atome wird, desto linienreicher wird auch ihr Spektrum, und die einzelnen Serien überdecken sich gegenseitig. Einige Spektren zeigt die beigelegte Tafel am Ende des Buches.

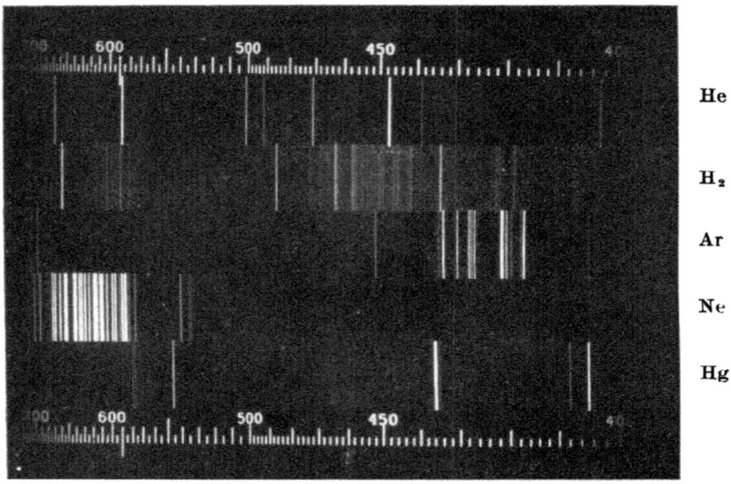

Abb. 10. Spektren einiger Gase (Zeiß).

Für unsere späteren Untersuchungen ist es wichtig zu wissen, daß in unseren Spektren gelegentlich Linien auftreten können, die von den Gasen der Luft herrühren, die sog. *Luftlinien*, deren Lage aus Tabellen entnommen werden kann (*61*). In den meisten Fällen stören sie nicht, man muß sich jedoch vor Verwechslungen mit Linien anderer Elemente, die hin und wieder vorkommen, in acht nehmen.

Es liegt der Gedanke nahe, die Spektralanalyse auch zur Untersuchung von Gasgemischen heranzuziehen. Man kann hierbei jedoch auf Schwierigkeiten stoßen. Der Stickstoff in unseren Geißlerröhren, der aus der Luft stammt, enthält über 1% Argon. Trotzdem können wir von den Argonlinien nichts sehen. Es kommt dies daher, daß das Argon zur Anregung einer viel größeren Energie bedarf als der Stickstoff, so daß es neben diesem nicht angeregt wird. Gase unterscheiden sich in den Anregungsenergien oft so stark, daß praktisch nur dasjenige mit dem niedrigsten Energiebedarf zum Leuchten gebracht wird. Metallatome dagegen unterscheiden sich nur wenig und ihre Linien treten deshalb gleichzeitig auf. *Darauf beruht die Möglichkeit der Spektralanalyse überhaupt.*

Trotzdem sind einige Analysenmethoden auch bei Gasanregung in der Geißlerröhre gangbar. Wir nennen hier die Bestimmung von CO_2 unter Verwendung der Kohlenstofflinie von LUNDEGARDH[1] und die Bestimmung von Schwefel durch ROLLWAGEN und RUTHARDT[2]. Die Geißlerröhren sind für diese Zwecke besonders konstruiert. Im ersten Falle erlauben sie das Einbringen eines Gases, und im zweiten ist eine Elektrode so ausgebildet, daß sie das feste Analysengut aufnehmen kann.

In einer während der Drucklegung erschienenen Abhandlung beschreibt K. PFEILSTICKER[3] eine Methode zur Bestimmung von Jod, Brom, Chlor, Schwefel, Selen und Wasserstoff in festen Proben. Diese werden unter vermindertem Gasdruck einer sehr energiereichen Entladung von nur 220 V Spannung ausgesetzt. Die Arbeit dürfte für die Entwicklung der Spektralanalyse von Nichtmetallen richtungweisend sein.

Aufgabe 3.

Photographische Aufnahme eines Spektrums.

Apparate: Quarz- oder Glasspektrograph; Hg-Lampe (beliebige Bogen- oder Funkeneinrichtung mit Cu-Elektroden).

Aufgabe: Aufnahme eines Hg-Spektrums mit verschiedener Spaltbreite und Belichtungszeit (Funken oder Bogen zwischen Cu-Elektroden).

Für die Untersuchungen im ultravioletten Teil des Spektrums ist es notwendig, dieses auf der photographischen Platte aufzunehmen. Dieses Verfahren empfiehlt sich auch im sichtbaren Gebiet, sobald sich die Analyse über eine rein orientierende Beobachtung hinaus ausdehnt, da dadurch die Auswertung zeitlich von der eigentlichen Aufnahme unabhängig gemacht wird und die photographische Platte stets als Dokument zur Verfügung bleibt. Für die nun folgenden Aufgaben wird man ein größeres Modell eines Spektrographen wählen, wie es von den Firmen bereits justiert

---

[1] Z. Physik Bd. 66 (1930) S. 114.
[2] Metallwirtsch. Bd. XV (1936) S. 187/189.
[3] Spectrochim. acta. Bd. 1. (1940) 424.

geliefert wird. Das einzige, was zu kontrollieren ist, ist die Lage der optischen Bank, welche parallel zum Kollimatorrohr so verlaufen muß, daß die darauf aufgestellte Lichtquelle und Linsen in der optischen Achse des Kollimators zu liegen kommen. Zu empfehlen ist ferner bei den ersten Aufnahmen durch Variation der Stellung von Kollimator und Spalt die bestmögliche Linienschärfe zu erreichen. Auch von der Wirkung der evtl. vorhandenen Blenden an Kollimator und Kameralinse überzeugt man sich durch Probeaufnahmen.

Um die Lichtquelle richtig vor den Spektrographen zu stellen, geht man folgendermaßen vor: Man verwendet zunächst am einfachsten eine Quecksilberlampe, die in einem Gehäuse eingebaut ist, aus dem das Licht nur durch eine kleine Öffnung (1 cm ∅) austreten kann. Solche Lampen werden auch bei spektralanalytischen Arbeiten zweckmäßig zur Ionisierung des Funkenweges benutzt. Ist keine Quecksilberlampe zur Hand, so führt man den Versuch mit einer der im folgenden Abschnitt beschriebenen Lichtquellen aus. Um die richtige seitliche Stellung der Lichtquelle zu kontrollieren, stellt man sich hinter den Spektrographen und visiert in Richtung des Kollimatorrohres. In der Verlängerung desselben muß die Lichtquelle liegen. Meist ist auf den Spektrographen die optische Achse des Kollimators durch Punkte markiert. Die richtige Höhe für die Lichtquelle ist die der Mitte des Spaltes. Auch hier kann man die ungefähre Gleichheit der Höhe zwischen Spalt und Lichtquelle durch Visieren leicht feststellen. Wird ohne abbildende Linse gearbeitet, so liegt der richtige Abstand der Lichtquelle meist zwischen 5 und 20 cm. Dabei kann bei kleineren Apparaten die untere Grenze, bei größeren die obere gewählt werden. Man kontrolliert die Justierung durch visuelle Beobachtung der Leuchterscheinung, welche man erblickt, wenn man das Auge in die Bildebene des Spektrographen bringt. Sie erscheint auf der rechten Seite des Kameraausschnittes und kann beobachtet werden, indem man nach Entfernen der Kassette oder Mattscheibe in Richtung des Kamerarohres gegen das Prisma blickt. Beobachtet man zunächst bei weit geöffnetem Spalt, so sieht man ein unscharfes Bild des Funkens oder Bogens. Dieses muß in der Mitte des Gesichtsfeldes sein. Ist dies nicht der Fall, so wird die Stellung der Lichtquelle so lange geändert, bis es in der Mitte erscheint. Dabei ist zu beachten, daß, um ein Rechtsrücken des Bildes zu erreichen, wegen der Umkehr des Strahlenganges die Lichtquelle nach links verändert werden muß und umgekehrt. Dasselbe gilt entsprechend für die Verrückung nach oben und unten. Ist das Funkenbild in der Mitte, so wird der Spalt enger gestellt. Das verhältnismäßig deutliche Bild verschwindet, und es entsteht ein Beugungsbild des Spaltes, dessen Breite mit abnehmendem Spalt zunimmt. Man arbeitet für gewöhnlich bei der Aufnahme mit einer Spaltbreite von 10—50 μ. Bei dieser Breite ist das Beugungsbild ziemlich breit und muß zentrisch im Gesichtsfeld liegen. Ist eine Kollimatorblende vorhanden, so wird diese so weit geschlossen, daß das Beugungsbild gerade umgrenzt wird.

Die günstigste Entfernung zwischen Spalt und Lichtquelle hängt von der Ausdehnung der Lichtquelle und von dem Öffnungsverhältnis des Kollimators ab. Die Kollimatorlinse wird dann eben ausgeleuchtet, wenn die Breite der Lichtquelle zu ihrer Entfernung vom Spalt sich verhält wie der Durchmesser der Linse zu ihrer Brennweite, also gleich dem Öffnungsverhältnis ist. Ist die Lichtquelle weiter entfernt, so wird nur ein Teil der Linse ausgeleuchtet, steht sie näher, dann wird die Linse nicht gleichmäßig durch Licht aller Wellenlängen ausgeleuchtet. Bei der Wahl des Abstandes hält man sich etwa an den vorher angegebenen Wert.

Es sei noch ein zweiter Weg zur Kontrolle der Stellung der Lichtquelle beschrieben. Man nimmt die Plattenkassette des Spektrographen ab und bringt an die Stelle, wo der sichtbare, am besten der grüne, Wellenlängenbereich abgebildet wird, ein kleines elektrisches Lämpchen und öffnet den Spalt des Spektrographen 0,5—1 mm. Es tritt nun durch den Spalt grünes Licht aus. In den Weg dieses Lichtes, den man mit einem Stück Papier verfolgen kann, muß die Lichtquelle zu stehen kommen.

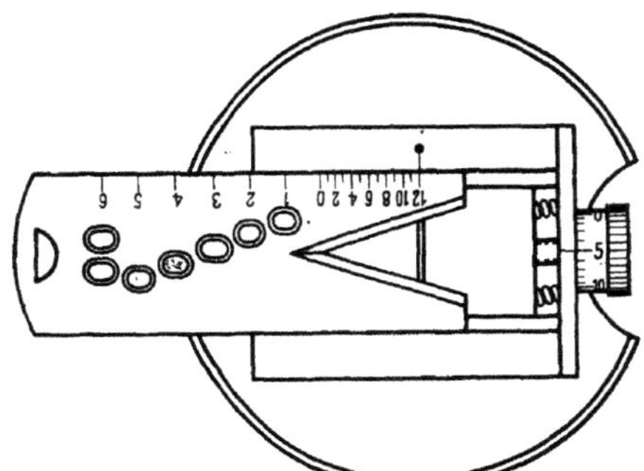

Abb. 11. Keil- und Stufenblende (FUESS).

Die Kamera lichtstarker Spektralapparate hat ein Öffnungsverhältnis (*8*) von 1 : 6 und noch größer, die der gebräuchlichen UV-Spektrographen von 1 : 20 bis 1 : 10. Für die Lichtstärke kommt nur in Betracht die mit Licht ausgefüllte Fläche F der Kameralinse und dem Quadrat ihrer Brennweite ($L = F/f^2$), *nicht* aber das Öffnungsverhältnis des Kollimators. Zwischen der Lichtquelle und dem Spalt kann man noch einen photographischen Verschluß anbringen, der das Belichten erleichtert. Der Spalt wird zunächst 1—3 hundertstel Millimeter geöffnet.

Über den Spalt läßt sich meist von der Seite her eine Blende mit keilförmigem Schlitz schieben (Abb. 11), die dazu dient, die Länge der Spektrallinien auf der Platte zu begrenzen. Es ist wichtig, diese Länge zu kennen, da die Kassetten in einer Führung so angebracht sind, daß man sie in der Höhe verschieben kann, um eine Reihe von Spektren übereinander auf einer Platte aufnehmen zu können. Die Größe dieser Verschiebung muß sich nach der Länge der Linien richten. Die Belichtungszeiten für die Spektren muß man anfänglich durch Probeaufnahmen feststellen und lernt sie später aus der Helligkeit der Lichtquelle abschätzen. Man kann sie auch mit Hilfe eines in der Photographie üblichen photoelektrischen Belichtungsmessers bestimmen, wenn man stets im selben Abstand vom Funken bleibt und sich einmal den Umrechnungsfaktor der Belichtungszeit berechnet hat. Die Belichtung kann bei Funkenaufnahmen durch Ein- und Ausschalten des Funkenerzeugers erfolgen, oder wenn Funken oder Bogen bereits im Betrieb sind, mit Hilfe eines photographischen Verschlusses, der auf einem Reiter vor dem Spaltkopf des Spektralapparates steht. Zum Abmessen der Belichtungszeit kann man mit Vorteil eine Schaltuhr[1] benutzen, die den Schaltbvorgang automatisch ausführt, so daß man sich in der Zeit nicht irren, und während der Dauer der Belichtung andere Arbeiten vornehmen kann[2]. Eine Wellenlängenskala (*36*) für die weitere Auswertung läßt sich in den meisten Fällen durch einfachen Handgriff vor die Platte klappen; sie wird mit einem besonderen Lämpchen belichtet.

Für Spektralaufnahmen im sichtbaren Gebiet bedient man sich am besten einer panchromatischen Platte, die bei völliger Dunkelheit eingelegt, entwickelt und fixiert werden muß. Bei Aufnahmen im Ultraviolett ist lediglich wichtig, daß die Platte lichthoffrei arbeitet, da in diesem Gebiet auch die gewöhnlichen Platten empfindlich sind. Über die Wahl der Photoplatte ist zu sagen, daß man bei normalen qualitativen Analysen jede lichthoffrei arbeitende Platte verwenden kann. Zur Herabsetzung langer Belichtungszeiten verwendet man mit Vorteil eine Extra- oder Ultrarapidplatte, z. B. Perutz-Silber-Eosin. Für die quantitative Analyse haben sich besonders feinkörnige Platten mit einem ausgedehnten Gebiet linearer Schwärzung (54) wie Agfa-Printon, Agfa-Autolith, Agfa-Kontrast, Eisenberger-Reproduktionsplatte, Kranz photomechanisch oder Perutz graphisch B bewährt. Dünne Glasplatten sind vorzuziehen, die bei leichter Biegung in der Kassette nicht brechen (*7*). Die Verarbeitung kann mit jedem

[1] Z. B. HIRSCH-Schaltuhr, wie sie von Photographen beim Kopieren benutzt wird.

[2] BALZ, G. u. REINIGER, G.: Spectrochim. Acta 1 323 (1940).

kontrastreich arbeitenden Entwickler vorgenommen werden. Bewährt hat sich z. B. bei photomechanischen Platten folgende Zusammensetzung:

Lösung 1		Lösung 2	
Wasser	1000 ccm	Wasser	1000 ccm
Hydrochynon	9 g	Ätzkali	18 g
Kaliumbromid	2 g		
Kaliummetabisulfit . .	9 g		

Kurz vor dem Gebrauch werden gleiche Teile von Lösung 1 und 2 gemischt, und die Platte 4 Minuten lang bei 18° in einer reichlichen Menge bei gleichmäßiger Bewegung gebadet. Es ist zu beachten, daß die vorher kurz mit Wasser bespülte Platte sofort ganz im Entwickler untergetaucht wird, und daß keine Luftblasen auf der photographischen Schicht haften. Nach dem Entwickeln wird die Platte kurz mit Wasser abgespült und im Fixierbad bis zur vollkommenen Lösung des Silberhalogenides gebadet, eine Stunde in fließendem Wasser gewaschen und an staubfreiem Platz getrocknet.

Es ist von Vorteil, wenn man sich für die einmal gewählte Plattensorte die geeigneten Bedingungen ermittelt, unter denen ein gut durchentwickeltes, aber noch völlig schleierfreies Bild erhalten wird; man arbeitet dann stets mit der gleichen Zusammensetzung des Entwicklers, bei gleicher Temperatur und Dauer, kurz, indem man alle Handhabungen bis zum Fixieren unter gleichen Bedingungen ausführt. Fixieren, Wässern und Trocknen geschieht wie bei jeder gewöhnlichen Aufnahme.

Wenn man die Entwicklungszeit beschränken will, kann man sich eines Schnellentwicklers bedienen. Es wird z. B. folgendes Rezept angegeben[1]:

60 g Ätzkali, 30 g Hydrochinon, 25 g Natriumsulfit, 20 cm^3 Phenosafraninlösung 1 : 1000, mit Wasser auf 1000 cm^3 aufgelöst. Temperatur 18—20° C, Baddauer 15—25 sec. 5—10 sec Abspülen unter stark fließendem Wasser. Fixieren in 400 g Natriumthiosulfat und 20 g Natriumbisulfit auf 1000 cm^3 wässeriger Lösung. Das Trocknen kann durch einen warmen staubfreien Luftstrom beschleunigt werden.

Zur Aufnahme eines Spektrums sind somit eine Menge Handgriffe nötig, die man sich am besten in einer gewissen Reihenfolge auszuführen angewöhnt, z. B.:

1. Einlegen der Platte;
2. Herrichten der Lichtquelle;

[1] Jaenicke, H.: Photogr. Indust. Bd. 35 (1937) S. 514, 540 und H. Kaiser und L. Müller: Zeiß-Nachr. Bd. 3 (1940) S. 238.

3. Justieren der Lichtquelle;

4. Prüfung der Einstellung von Spalt, Blende und Kassettenstellung;

5. Einschieben der Kassette, Kassettenschieber öffnen, Spaltkappe ab.

6. Aufnahme der Skala (Zurückklappen der Skala nicht vergessen);

7. Aufnahme des Spektrums, entweder durch Ein- und Ausschalten des Funkenerzeugers oder Bogens oder bei arbeitender Lichtquelle mit Hilfe eines photographischen Verschlusses;

8. Weiterschieben der Kassette und Einschieben des Schiebers oder Spaltkappe auf.

Zur Erlernung der Aufnahmetechnik werden folgende Aufnahmen vorgeschlagen, die auch gleichzeitig zur Festlegung der günstigsten Aufnahmebedingungen dienen. Die Spalthöhe wähle man zunächst etwa 1—3 mm.

1. Mit einer Spaltbreite von 0,03 mm werden Aufnahmen mit verschiedener Belichtungszeit gemacht, je nach der Lichtquelle von 1 sec — 4 min Belichtungszeit in der Unterteilung: 1:2:4:8 usw.

2. Mit der günstigsten Belichtungszeit, die nach 4 min Entwicklung bei 18° ein gutes Bild gibt, werden Aufnahmen mit verschiedener Spaltbreite von 0,01—0,1 mm in Abständen von 0,01 mm gemacht. In Zukunft wählt man die Spaltbreite, bei der noch keine störende Überlagerung von Linien untereinander oder von Linien mit Banden eintritt.

Sollte sich beim Betrachten der Platte mit einer Lupe ergeben, daß die Spektrallinien nicht gleichmäßig breit auf ihrer ganzen Länge sind, sondern alle an der gleichen Stelle eine Unterbrechung haben, so ist der Spalt verschmutzt. Man muß ihn dann weit öffnen und den beiden Schneiden vorsichtig mit einem weichen Holzstäbchen oder mit einem feinen Haarpinsel entlangfahren. Metallwerkzeuge oder mit Alkohol getränkte Watte od. dgl. dürfen zum Reinigen des Spaltes niemals verwendet werden.

Aufgabe 4.

Aufnahmeverfahren und Anregungsarten.

Apparate: Quarzspektrograph, Funkenerzeuger, Funkenstativ, verschiedene Quarzlinsen.

Proben: Al- und Cu-Elektroden.

Aufgabe: Aufnahmen mit verschiedener Abbildungsart.

Der elektrische *Lichtbogen* ist eine außerordentlich empfindliche Anregungsart (*3*). Bei hochschmelzenden Metallen kann man den Bogen zwischen Elektroden aus dem zu untersuchenden Metall, die man in ein geeignetes Stativ, etwa eine Experimentierbogenlampe, einspannt, übergehen lassen. Bei vielen Metallen ist jedoch dabei ein Abschmelzen nicht zu vermeiden. Die Spektren des Dauerbogens sind meist sehr übersichtlich, da hauptsächlich Bogenlinien erscheinen, solange die Stromstärke nicht zu groß wird. Im allgemeinen ist jedoch ein kontinuierlicher Untergrund vorhanden. Man kann ihn schwach halten, wenn man dafür sorgt, daß nur das Licht des Bogens und kein direktes Licht der glühenden Elektroden in den Apparat fällt. Dazu wird die Bogenlampe so gestellt, daß beide Elektroden um 45° gegen die optische Achse des Apparates geneigt sind. Glühende Metallteilchen, die in den Bogen gerissen werden, geben jedoch auch dann noch ein schwaches kontinuierliches Spektrum.

Daneben finden wir noch Banden, die von den Molekülen der Atmosphäre oder ihren Reaktionsprodukten mit dem Elektrodenmaterial herrühren. Am bekanntesten sind die hauptsächlich bei Anwesenheit von Kohle auftretenden Cyanbanden im langwelligen Ultraviolett.

Der Nachteil des Dauerbogens liegt vor allem in der großen Erhitzung des Materials.

Im sog. *Abreißbogen* (*4*) wird dieser Nachteil dadurch vermieden, daß man den Bogen immer kurz nach der Zündung wieder unterbricht. Man erhält dadurch ein äußerst klares Spektrum ohne Untergrund, in dem auch Banden im allgemeinen nicht stören. Besonders beim Nachweis geringster Zusätze und Verunreinigungen wird diese Methode, wie wir später noch ausführlich erfahren werden, mit Vorteil angewendet. Die Wirkungsweise der Einrichtung ist am besten aus dem Bilde und der Schaltskizze zu ersehen (Abb. 12 u. 13).

Von den beiden Elektrodenhaltern steht der eine (*A*) fest, während der andere (*B*) durch einen Exzenter auf und ab bewegt wird derart, daß sich in der tiefsten Stellung die Elektroden berühren, wobei die eine durch eine Feder etwas nachgeben kann. Wenn sich die Elektroden voneinander entfernen, entsteht der Bogen, der wieder abreißen soll, bevor die größte Entfernung erreicht ist. Um dieses sicher und immer beim gleichen Elektrodenabstand zu gewährleisten, legt man zum Stromkreis des Bogens einen Nebenschluß an, der durch eine Kollektorscheibe (*K*) gesteuert wird. Als Spannung wählt man 110 V Gleichstrom; die bewegte Elektrode wird Anode. Der Widerstand (W_1) wird so gewählt, daß etwa 5 Amp. bei Kurzschlußstellung fließen. Bei leicht schmelzenden Metallen muß man mit der Stromstärke entsprechend

Abb. 12. Abreißbogen.

zurückgehen. Den Widerstand (W_2) im Nebenschluß stellt man so ein, daß der Funke eben noch abreißt. Steht von dem zu unter-

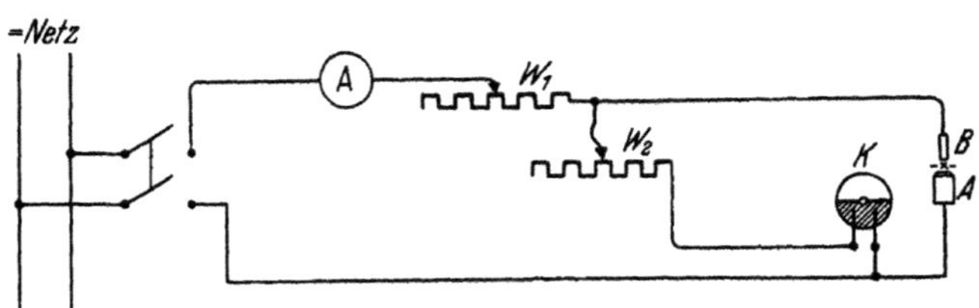

Abb. 13. Schaltung des Abreißbogens.

suchenden Metall nur eine Elektrode zur Verfügung, so wählt man die andere aus einem möglichst spektralreinen, linienarmen Metall.

Arbeitet man mit unedlen Metallen, so bildet sich leicht eine Oxydschicht, die den Stromübergang auch bei der Berührung der Elektroden verhindert. Man kann dies dadurch vermeiden, daß man die Elektroden so einstellt, daß sie sich etwas überschneiden und dabei blank kratzen.

PFEILSTICKER[1] hat neuerdings eine Anordnung beschrieben, bei der die Elektroden feststehen, und der Bogenstrom periodisch unterbrochen wird; die Zündung erfolgt durch eine überlagerte Hochspannung hoher Frequenz. Die Schaltung ist aus der Abb. 14 zu ersehen. Der schwach ausgezogene Kreis ist der für die Erzeugung der Hochfrequenz erforderliche Schwingungskreis.

C_1 ist ein Minosplattenverdichter von 3900 cm Kapazität, die Funkenstrecke F besteht aus zwei Zinkplatten von 4 cm ∅ im Abstand von 2—3 mm. Die Platten haben kreisförmige Rillen. Der Primärstrom wird bei 220 V Wechselstrom auf etwa 0,5 A eingestellt. Die Entladung des Kondensators C_1 geht durch die Primärspule des Hochfrequenztransformators T, die aus 16 Windungen eines 2 mm starken blanken Kupferdrahtes mit 2 cm Windungsabstand und 35 cm ∅ besteht. Die sekundäre Spule von 26 cm ∅ hat etwa 140 Windungen 1 mm starken, umsponnenen Kupferdraht. Die in der sekundären Spule induzierte Hochfrequenz geht über die Analysenstrecke B und den Kondensator C_2 (Minosplattenverdichter 400 cm) zur Spule zurück. Die Sekundärspule und B werden gleichzeitig auch von der Niederspannung durchflossen, die aus dem Netz über die Selbstinduktionen L_1 und L_2, den Unterbrecher U, einen Widerstand W (220 Ohm 10 A) und ein Amperemeter A (bis 10 A) entnommen wird. Der Bogenkreis ist in der Figur stark gezeichnet. Der Hochfrequenzkreis liegt bei dieser Schaltung also direkt an den Elektroden des Abreißbogens. Der Strom im Abreißbogen wird durch einen Unterbrecher periodisch unterbrochen. Die Hochfrequenzentladung sorgt dafür, daß die für die Zündung des Bogens notwendige Spannung vorhanden ist. Jedesmal also, wenn der Unterbrecher den Strom schließt, geht der Niederspannungsbogen über, weil die angeregte Hochspannung die Zündung bewerkstelligt. Durch geeignete Wahl des

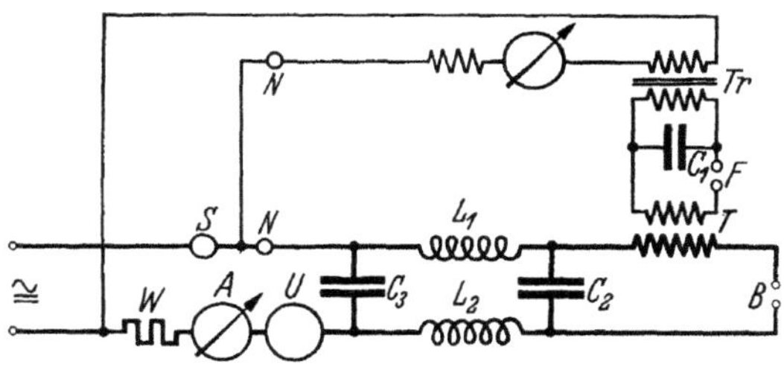

Abb. 14. Schaltung des Pfeilstickerbogens.

[1] Z. Elektrochem. Bd. 43 (1937) S. 719—721.

Tesla-Transformators kann der Hochfrequenzfunken so lichtschwach gehalten werden, daß sein Licht nicht stört.

Diese Abreißbogen bringt gegenüber dem mechanischen wesentliche Vorteile mit sich. Durch die dauernde Bewegung der Elektroden kann es leicht geschehen, daß ihre Justierung notleidet. Außerdem geht der Bogen auch immer an ein und derselben Stelle über. Für die lokale Analyse ist dies zwar ein Vorteil des mechanischen Abreißbogens, für allgemeine Analysen ist es jedoch vorteilhafter, wenn, wie beim Funken, die ganze Elektrodenoberfläche herangezogen wird. Diese Möglichkeit besteht nun beim Pfeilstickerbogen, bei welchem ein übliches Funkenstativ verwendet werden kann.

An Stelle des Kondensators C_2 kann nun eine große Kapazität treten, die durch Gleichstrom aufgeladen wird und ermöglicht, große Stromstärken über die Analysenfunkenstrecke zu entladen. Sie bringt aber noch einen weiteren Vorteil mit sich. Wenn sie über den Lichtbogen B entladen ist, dauert ihre Aufladung, bis wieder ein Bogen übergeht, so lange, daß der Bogen von selbst erlischt. Die Anwendung eines Unterbrechers ist dann überflüssig; man besitzt einen selbstlöschenden Abreißbogen.

Die dabei mögliche hohe Energie reicht sogar dazu aus, auch Nichtmetalle nachzuweisen. Pfeilsticker hat mit gutem Erfolg den Nachweis der Halogene, von Schwefel, Selen und Wasserstoff durchgeführt (*23*).

Als *dritte* Anregungsart wird der elektrische *Funken* verwendet (*4*). Die Schaltung zur Erzeugung des Funkens ist in der Einleitung bereits erwähnt (Abb. 1). Steht nur Gleichstrom zur Verfügung, so tritt an die Stelle des Transformators ein Induktorium mit einem Unterbrecher. Als Kondensatoren haben sich Minosflaschen (Fa. Schott & Gen., Jena) sehr geeignet erwiesen, doch kann man sich auch mit gewöhnlichen Leydener Flaschen behelfen. Als Selbstinduktion verwendet man eine oder mehrere Drahtspulen von einem Windungsdurchmesser von 10—15 cm; die geeignete Windungszahl liegt zwischen 50 und 150.

Die *Elektroden* aus dem Metall, das untersucht werden soll, können prinzipiell jede beliebige Form haben, doch verwendet man nach Möglichkeit Einheitsformen, die für eine gleichbleibende Entladung besonders günstig sind. Für den Dauerbogen kommen runde Stäbe von 5 mm ⌀ in Frage. Für die bewegliche Elektrode des Abreißbogens wird man einen Drahtstift von 2—3 mm ⌀ verwenden. Den Probestücken gibt man die Form von runden oder vierkantigen Prismen von 5—10 mm ⌀ mit flach abgerundeter Kuppe. Besonders für die quantitative Analyse haben sich Elektroden mit Kegelstümpfen oder abgesetzten Enden bewährt. Diese letzte Form kann auch bei der Funkenentladung Verwendung finden (*72*). Sie hat den Vorteil, daß sie sich einfach und rasch auf der Drehbank herstellen läßt, und wird deshalb im Serienbetrieb häufig angewendet. Häufig verwendet man auch Elektroden mit dachförmigen Endflächen (Abb. 15), bei denen die Dachkanten in der Richtung der optischen Achse liegen. Der Funke brennt hier nicht an einer Stelle fest, sondern läuft auf der Kante hin und her, ohne aus der Richtung des Strahlenganges zu kommen. Aus Blechen und Drähten stellt man sich Elektroden ähnlicher Form her.

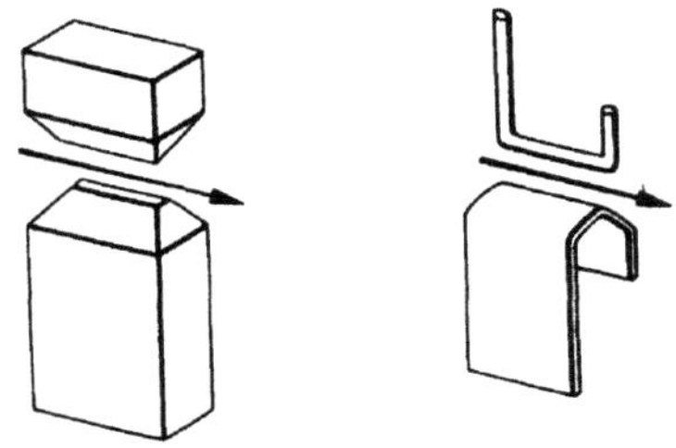

Abb. 15. Verschiedene Elektrodenformen.

Bei den Funkenaufnahmen ist es wichtig, daß stets der Abstand der Elektroden der gleiche ist. Um dies zu erreichen, bedient man sich einer Lehre, mit der man vor jeder Aufnahme den Elektrodenabstand prüft.

Neben der Art der Anregung läßt sich auch die *optische Anordnung* der Lichtquelle je nach dem Zwecke verschieden wählen. In der Aufgabe über die photographische Aufnahme eines Spektrums wurde gezeigt, in welchem Abstand eine Lichtquelle am günstigsten aufgestellt wird. Diese Gesichtspunkte sind auch für die Anordnung eines Lichtbogens und eines Funkens maßgebend. An Stelle dieser einfachsten Anordnung wird häufig eine solche gewählt, bei der zwischen Lichtquelle und Spalt eine Kondensorlinse so eingeschaltet wird, daß ein Bild der Lichtquelle in der Ebene des Spaltes entworfen wird. Durch eine solche Anordnung ist es jedoch nicht möglich, mehr Licht als bei der ersten in den Spektrographen zu bekommen, wie manchmal fälschlich angenommen wird. Die günstigste Stellung des Kondensors, dessen Brennweite etwa halb so groß wie die des Kollimators sein soll, geht aus Abb. 16 hervor. Der Vorteil dieser Aufstellung besteht vielmehr darin, daß kein Licht von den glühenden Elektroden in den Spektralapparat fällt, wenn deren Bilder oberhalb

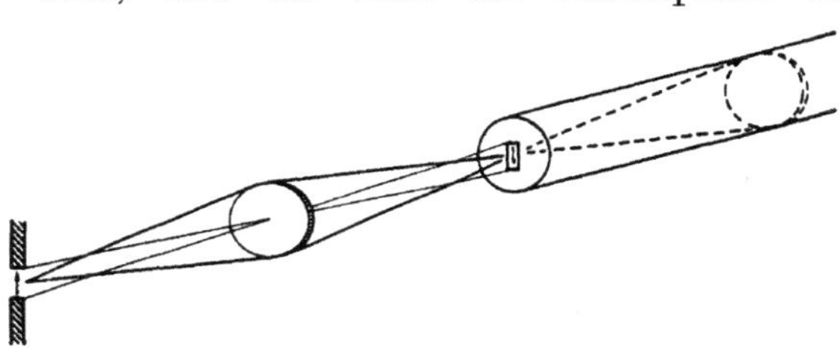

Abb. 16. Ausleuchten des Kollimatorrohres.

und unterhalb der Spaltöffnung liegen. Da jede Spektrallinie ein stigmatisches Bild des Spaltes ist, ist sie in diesem Falle auch ein stigmatisches Bild des Bildes der Lichtquelle auf dem Spalt. Dies hat zur Folge, daß wir auf der Platte keine gleichmäßigen Linien bekommen, wenn die Anregungsbedingungen oder die Verteilung des Metalldampfes im Funken oder Bogen nicht gleichmäßig sind. In Abb. 17 sehen wir ein Spektrum eines Funkens zwischen einer Kupfer- und einer Aluminiumelektrode. Im oberen Spektrum sind die Linien gleichmäßig, da der Funke nicht auf dem Spalt abgebildet wurde. Dagegen sind im unteren Spektrum keilförmige Linien; die Al-Linien springen von oben, die Cu-Linien von unten ein. Be-

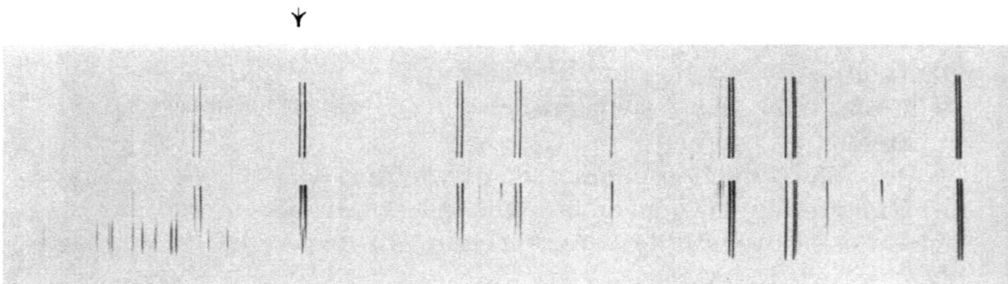

Abb. 17. Wirkung der Abbildung des Funkens auf dem Spalt.

sonders auffällig ist dies bei der Linie Cu 2369,9, die zwischen Al 2367,1 und Al 2373,1 liegt, im linken Drittel des Bildes beim Pfeil zu erkennen. Zwischen letzteren sieht man auch von oben her die Linie Al 2369,3 schwach hervortreten, die sonst von Cu 2369,9 nicht zu trennen wäre.

Diese Erscheinung kann von Nutzen sein, wenn man wissen will, welche Linien aus der oberen und welche aus der unteren Elektrode stammen, oder wenn man die Verteilung des Metalldampfes in der Lichtquelle untersuchen will. Sie kann jedoch nicht nur auftreten, wenn wir einen Kondensor verwenden, sondern auch in weniger ausgeprägtem Maße, wenn wir die Lichtquelle ohne diesen nahe vor den Spalt bringen. In diesem Falle steht die Lichtquelle nur wenig außerhalb der Brennweite des Kollimators, so daß noch ein unscharfes Bild davon auf der Platte entsteht. In vielen Fällen, besonders aber zur quantitativen Analyse ist es erforderlich, vollkommen gleichmäßige Linien zu erhalten. Man erreicht dies, indem man die Lichtquelle weiter vom Spalt entfernt oder mit einer Linse so abbildet, daß das Bild hinter den Spalt in die Ebene der Kollimatorlinse oder deren Öffnungsblende zu liegen kommt.

Um uns über die verschiedenen optischen Anordnungen zu

unterrichten, nehmen wir den Funken auf, der zwischen einer Al- und einer Cu-Elektrode übergeht und benutzen folgende Aufstellungen:

1. Der Funken wird entsprechend unseren Ausführungen so vor den Spalt gebracht, daß der Kollimator gut ausgeleuchtet wird, hierauf werden einige Aufnahmen mit verschiedener Belichtungszeit gemacht (z. B. FEUSSNER: Stufe 2, 10—40 sec).

2. Man bildet den Funken mit einer Quarzlinse auf dem Spalt ab. Dabei öffnet man die Spaltblende so weit, daß der Spalt die Länge des Bildes der Lichtquelle hat. Die Belichtungszeit hängt hier von der Vergrößerung des Bildes ab und ist bei Abbildung in natürlicher Größe ungefähr wie beim ersten Beispiel.

3. Man bringt das Bild des Funkens weit hinter den Spalt, am besten in die Ebene des Kollimators. Steht nur eine Linse zur Verfügung, so errechnet man sich die Stellung von Lichtquelle und Linse aus der Brennweite mit Hilfe der Linsenformel:

a) $\frac{1}{\text{Bildabstand}} + \frac{1}{\text{Abstand der Lichtquelle}} = \frac{1}{\text{Brennweite}}$ und

b) Größe des Bildes: Größe der Lichtquelle = Bildabstand: Abstand der Lichtquelle.

Ist z. B. der Durchmesser des Kollimators 5 cm, seine Brennweite für mittleres Ultraviolett 50 cm, die Brennweite der Kondensorlinse 10 cm und stellen wir diese 2 cm vor dem Spalt auf, so gilt: $1/52 + 1/x = 1/10$. Der Abstand zwischen Lichtquelle und Linse muß 12,4 cm sein, das Bild des Funkens in der Ebene des Kollimators ist 4,2 mal vergrößert, füllt diesen also gut aus.

Eine kompliziertere Anordnung liefert die Firma Zeiß. Hier sitzt direkt vor dem Spalt eine Linse von 20 cm Brennweite, davor eine ebensolche von 16 cm Brennweite, die eine Blende trägt, auf der die Lichtquelle mit einer weiteren Linse mit 8 cm Brennweite so abgebildet wird, daß nur der mittlere Teil des Funkens Licht in den Spektrograph senden kann. Die Belichtungszeit mit dieser Anordnung ist länger zu wählen wie bei Anordnung 1 und 2, wenn man nicht dafür sorgt, daß die Zwischenblende voll ausgeleuchtet ist, und das Bild die Öffnung des Spektrographen ausfüllt.

Man mache sich mit den drei Abbildungsarten vertraut und präge sich die Verhältnisse der Belichtungszeiten ein. Dann nimmt man verschiedene Metalle, z. B. Fe, Cu, Al, Pb im Bogen und Funken auf und vergleicht die erhaltenen Spektren. Als Erweiterung der Aufgabe wird man Elektroden verschiedener Metalle so aufnehmen, daß man eine davon gegen eine Reihe von anderen als Gegenelektrode verwendet, und dabei erkennen, daß die Linien der Gegenelektroden verschieden stark hervortreten.

Aufgabe 5.

Bestimmung der Wellenlänge und Aufstellung einer Dispersionskurve.

Apparate: Quarz- oder Glasspektrograph, Funkenerzeuger, Funkenstativ, Hg-Lampe, Meßtisch mit Meßmikroskop oder Spektrenprojektor, Wellenlängen- oder Millimeterskala.

Proben: Cu- und Al-Elektroden.

Hilfsmittel: Wellenlängentabelle.

Aufgabe: Identifizierung einer Reihe von Linien des Hg, Cu, Al. Gebrauch der Wellenlängenskala. Aufstellen einer Dispersionskurve.

Für das Auswerten einer Spektralaufnahme ist eine Wellenlängenskala von großem Nutzen. Sie dient dazu, die Lage der einzelnen Linien in Wellenlängen zu erfassen und ist bei den meisten Spektrographen, die neuerdings fast alle damit ausgerüstet sind, so angebracht, daß sie sich vor die Platte klappen läßt, auf die sie mit Hilfe eines kleinen elektrischen Lämpchens kopiert wird (*26*) (Belichtungszeit etwa 1 sec). Es ist darauf zu achten, daß zwischen der Aufnahme des Spektrums und der Skala die Kassette nicht verschoben wird. Bei Apparaten, die auch der direkten okularen Beobachtung im sichtbaren Gebiet dienen, kann die Skala auch durch ein besonderes Skalenrohr nach Spiegelung auf der einen Prismenfläche auf dem Spektrum abgebildet werden.

Die Wellenlängenskala ist in Ångström-Einheiten (Å) geteilt und genügt in vielen Fällen für die Auswertung einer Spektralaufnahme. Allerdings stimmt sie besonders bei älteren Apparaten oft nicht über den ganzen Bereich des Spektrums, so daß man sie nur über kleinere Bereiche benutzen kann, bei denen man sie jeweils auf eine starke, in dem betr. Bereich befindliche Linie einstellt. Am Spektrum des Quecksilbers, aufgenommen mit einem Quarzspektrographen, soll ihre Handhabung gezeigt werden. Man legt die Platte mit der Quecksilberaufnahme, über welcher sich eine Abbildung der Wellenlängenskala befindet, auf eine von unten beleuchtete Mattscheibe. Eine geeignete Vorrichtung hierzu zeigt die Abb. 18. Vorher hat man sich auf einer zweiten Platte mehrere Wellenskalen abgebildet und die Platte in Streifen geschnitten, so daß man mehrere Skalen zur Hand hat, die man Schicht gegen Schicht auf das auszuwertende Spektrum legen kann. Man betrachtet nun das Hg-Spektrum mit einer guten Lupe (6—10fache Vergrößerung) und findet mittels der über dem Spektrum befindlichen Wellenlängenskala, daß sich beispielsweise bei etwa 3650 Å bei guter Dispersion des Spektrographen zwei starke Linien befinden. In einer Tabelle der Wellenlängen[1] findet man nun bei 3650,2 und 3654,8 die genauen Werte der Wellenlängen der beiden Quecksilberlinien. In den Tabellen sind meist hinter den Linien Angaben über deren Stärken gemacht. Da die Intensität einer Linie sehr stark von den Entladungsbedingungen abhängig ist, so sind diese Intensitätswerte nicht streng richtig, sie geben aber ein ungefähres Bild über die

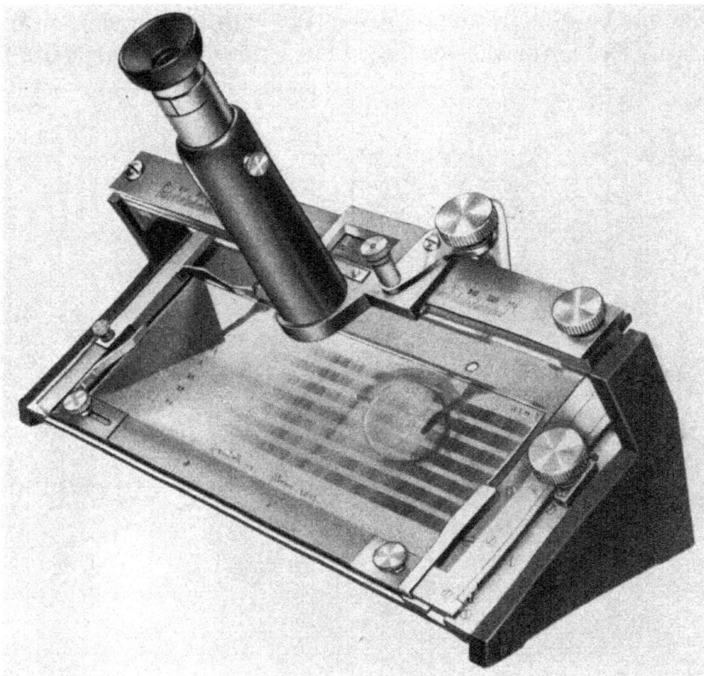

Abb. 18. Meßtisch (Fuess).

gegenseitigen Intensitätsverhältnisse und lassen vor allen Dingen erkennen, ob man es mit starken oder schwachen Linien zu tun hat. Auf die nun so ermittelten Werte 3650,2 und 3654,8 stellt man unter der Lupe die Wellenlängenskala durch Auflegen ein und ermittelt die Wellenlängen der in der Nähe befindlichen Linien, beispielsweise 4046,6 und 4358,3. Durch Vergleich mit einem Spektralatlas überzeugt man sich von der Richtigkeit und man erhält leicht Aufschlüsse über eventuelle Fehler der Skala. Auf

[1] Kayser, H. und Ritschl: Tabelle der Hauptlinien der Linienspektra aller Elemente. Berlin: Julius Springer.

diese Weise geht man das ganze Spektrum durch und ermittelt die Hg-Linien. Ganz analog verfährt man bei anderen Elementen, was bei linienreichen Spektren allerdings etwas Mühe und Übung erfordert. Bei Spektrographen für das sichtbare Gebiet kann die ganze Auswertung auch ohne Aufnahme auf der Mattscheibe vorgenommen werden.

Ist keine Wellenlängenskala, sondern nur eine Millimeterskala, oder überhaupt keine Skala vorhanden, so geht man folgendermaßen vor: Durch Vergleich der eigenen Hg-Aufnahme mit einem Hg-Spektrum, bei dem die wichtigsten Linien gekennzeichnet sind,

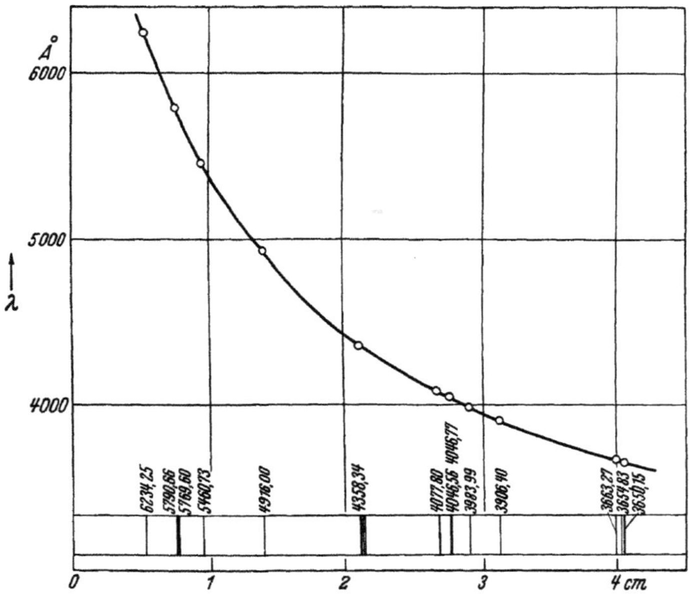

Abb. 19. Aufstellung einer Dispersionskurve.

findet man die markantesten Linien leicht. In Abb. 19 ist beispielsweise ein solches für das sichtbare Gebiet abgebildet[1]. Auf eine durch Vergleich ermittelte starke Linie legt man nun, ganz wie oben die Wellenlängenskala, die Millimeterskala oder einen sonstigen Glasmaßstab und mißt den Abstand in Millimeter bis zur nächsten durch Vergleich identifizierten Hg-Linie. Auf diese Weise mißt man einige starke Linien des Spektrums durch und trägt die gemessenen Abstände als Abszisse, die Wellenlängen als Ordinate auf. Man erhält die sog. Dispersionskurve. In Abb. 19 ist dies für

[1] Die meisten Spektren finden sich in dem Atlas von Eder & Valenta oder in dem Atlas der Analysenlinien von Loewe.

einen kleinen Spektrographen von FUESS durchgeführt. Mit der so erhaltenen, noch etwas rohen Dispersionskurve ermittelt man nunmehr die Wellenlängen von weiteren Linien durch Ausmessen ihrer Abstände von den erst bekannten starken Linien, und stellt die genaue Wellenlänge fest. Die neu gefundenen Werte trägt man nun in die zuerst aufgestellte Kurve ein, die dadurch immer exakter wird. Genauer als mit der Lupe mißt man die Abstände der Linien auf der Platte mittels eines Meßmikroskopes oder Komparators, wobei man nur einen kleinen Ausschnitt überblicken kann, was dem Anfänger oft das Zurechtfinden erschwert. Beim Auswerten linienreicher Spektren sind diese Apparate jedoch unentbehrlich. (Abb. 18.) Man erhält eine Dispersionskurve, die mit der erzielten Genauigkeit für alle spektralanalytischen Zwecke vollauf genügt. Bei der Auswertung weiterer Spektren muß man immer nur durch Vergleich mit einem schon ausgewerteten Normalspektrum die Wellenlänge einer charakteristischen Linie feststellen. Von ihr aus kann man dann durch Ausmessen leicht die Lage weiterer Linien aus der Kurve ermitteln.

Aus einer solchen Dispersionskurve, deren Aufstellung auch zur Kontrolle einer vorhandenen Wellenlängenskala verwendet werden kann, ist ferner sehr leicht die Dispersion in einem bestimmten Wellenlängengebiet zu entnehmen. Diese wird angegeben als die Differenz der Wellenlängen zweier Linien in Å, die auf der Platte 1 mm entfernt sind. Zum Betrachten der Aufnahmen sind ferner die sog. Spektrallinienprojektoren, Projektionsapparate, die das Spektrum in bestimmter Vergrößerung auf einen Schirm werfen, sehr geeignet. Auch in den projizierten Spektren lassen sich die Abstände der Linien ausmessen und die Dispersion bestimmen, wenn das Vergrößerungsverhältnis genau bekannt ist (*54*).

Aufgabe 6.

Spektren und periodisches System.

Apparate: Quarzspektrograph; Bogen und Funken.

Proben: Elektroden aus den wichtigsten Metallen.

Hilfsmittel: GERLACH und RIEDL: Chemische Emissionsspektralanalyse, III. Teil. SCHEIBE: Physikalische Methoden der analytischen Chemie. GROTRIAN: Graphische Darstellung der Spektren von Atomen und Ionen mit ein, zwei und drei Valenzelektronen. EDER-VALENTA: Spektralatlas. LÖWE: Atlas der Analysenlinien. GATTERER und JUNKES: Atlas der Restlinien.

Aufgabe: Herstellung von Testspektren verschiedener Metalle.

Um sich in der Ausführung von Spektralaufnahmen zu üben und sich gleichzeitig eine kleine Sammlung von Spektren anzulegen, nimmt man eine Reihe von Metallen auf.

Die Spektren werden so aufgenommen, daß die Elemente in den senkrechten Spalten des periodischen Systems untereinander zu stehen kommen. Zwischen den einzelnen Spektren halte man etwa 5 mm Abstand, so daß einzelne Linien leicht gekennzeichnet werden können. Im folgenden sind die Linien angegeben, auf die bei den einzelnen Elementen besonders zu achten ist. Die Wellenlänge wird in diesem Buche in Ångströmeinheiten (Å) angegeben. 1 Å $= 10^{-8}$ cm.

Cu, Ag, Au. Cu 3247,5/3274,0 leicht kenntlich als die beiden stärksten Linien;

Ag 3280,7/3382,9 ebenfalls leicht zu erkennen;

Au 2428,0/2676,0 · 2676,0 liegt etwa in der Mitte des Spektrums, 2428,0 auf der kurzwelligen Seite. Auch hier handelt es sich um die beiden stärksten Linien.

Diese Linien sind die Grundlinien der betreffenden Elemente. Sie zeichnen sich vor allen Dingen bei den Elementen der linken Seite des periodischen Systems durch besonders starke Intensität aus und entsprechen denselben Vorgängen im Atom. Sie entstehen beim Übergang des Valenzelektrons (*17*) in den ersten angeregten Zustand. Da dieser zwei Möglichkeiten besitzt, entstehen zwei Linien, Cu, Ag, Au haben Dublettstruktur, wie alle Elemente der ersten Spalte des periodischen Systems. Vgl. Termschema (Abb. 7, 20 und 21). 1 s entspricht dem Grundzustand, 2 p_1 und 2 p_2 dem ersten angeregten Zustand; man sieht deutlich die Übereinstimmung zwischen Au und Cu oder auch Ag.

Dabei ist zu beachten, daß immer die kurzwelligere Linie die intensivere ist, also 3247,5 $>$ 3274,0; 3280,7 $>$ 3382,9; 2428,0 $>$ 2676,0. Bei manchen Spektrographen ist es möglich, daß 2428,0 $<$ 2676,0 erscheint. Dies liegt aber im Bau des Spektrographen begründet. Entweder wird 2428 durch Absorption im Quarz oder infolge der Konstruktion durch zu schwache Incidenz geschwächt. In der Funkenstrecke auf jeden Fall ist die kurzwelligere Linie immer die stärkere, und zwar theoretisch im Verhältnis etwa 1,4:1. Zu beachten ist, daß diese erwähnten Linien vorhanden sein müssen, wenn auf Cu, Ag oder Au geschlossen werden soll. Bei ganz geringen Mengen kann der Fall auftreten, daß nur die kurzwellige Linie auftritt, dann ist die Intensität der langwelligen zu gering, um die Platte zu schwärzen.

Be, Mg, Ca. Bei den Erdalkalien treten in starkem Maße auch Funkenlinien auf. Bei den abgebildeten Spektren sind folgende Grundlinien charakteristisch:

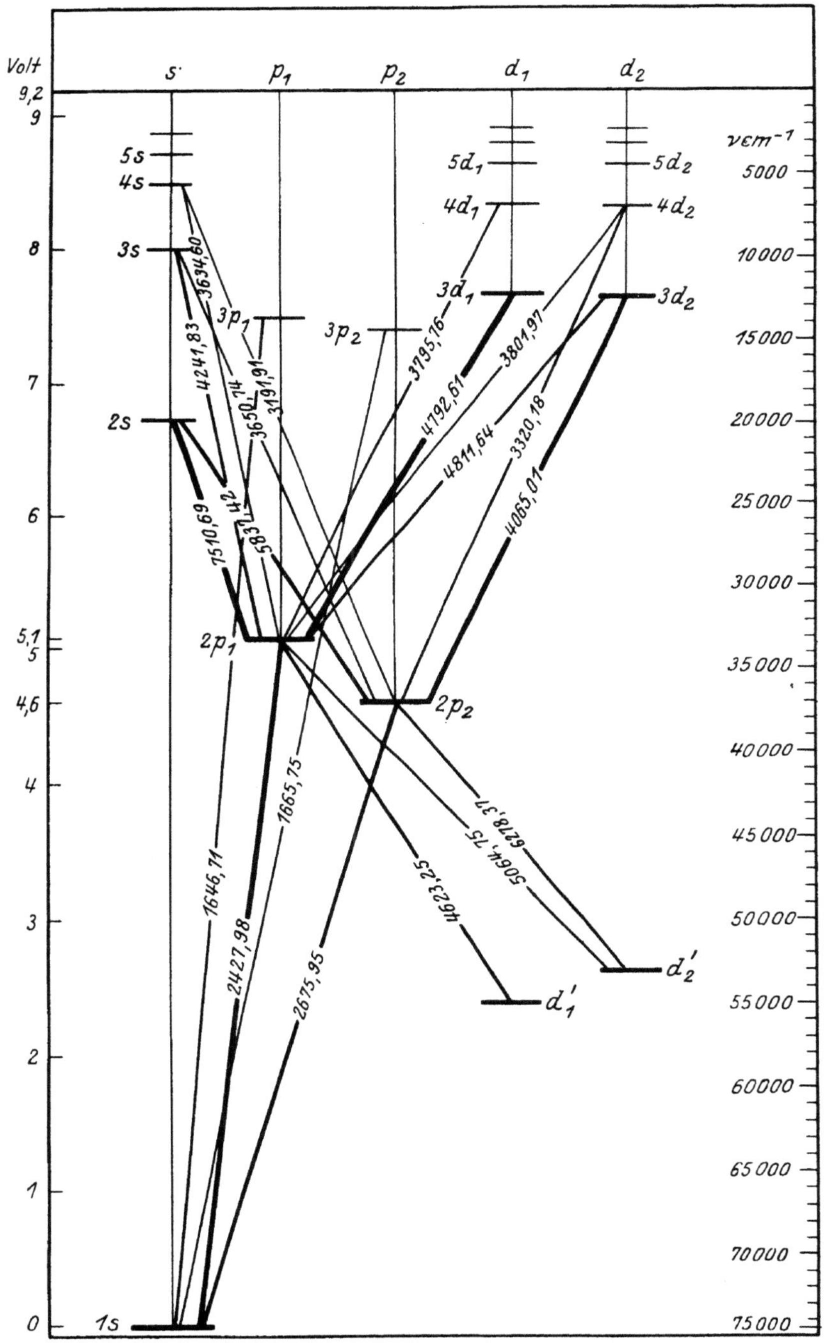

Abb. 20. Termschema von Gold nach GROTRIAN.

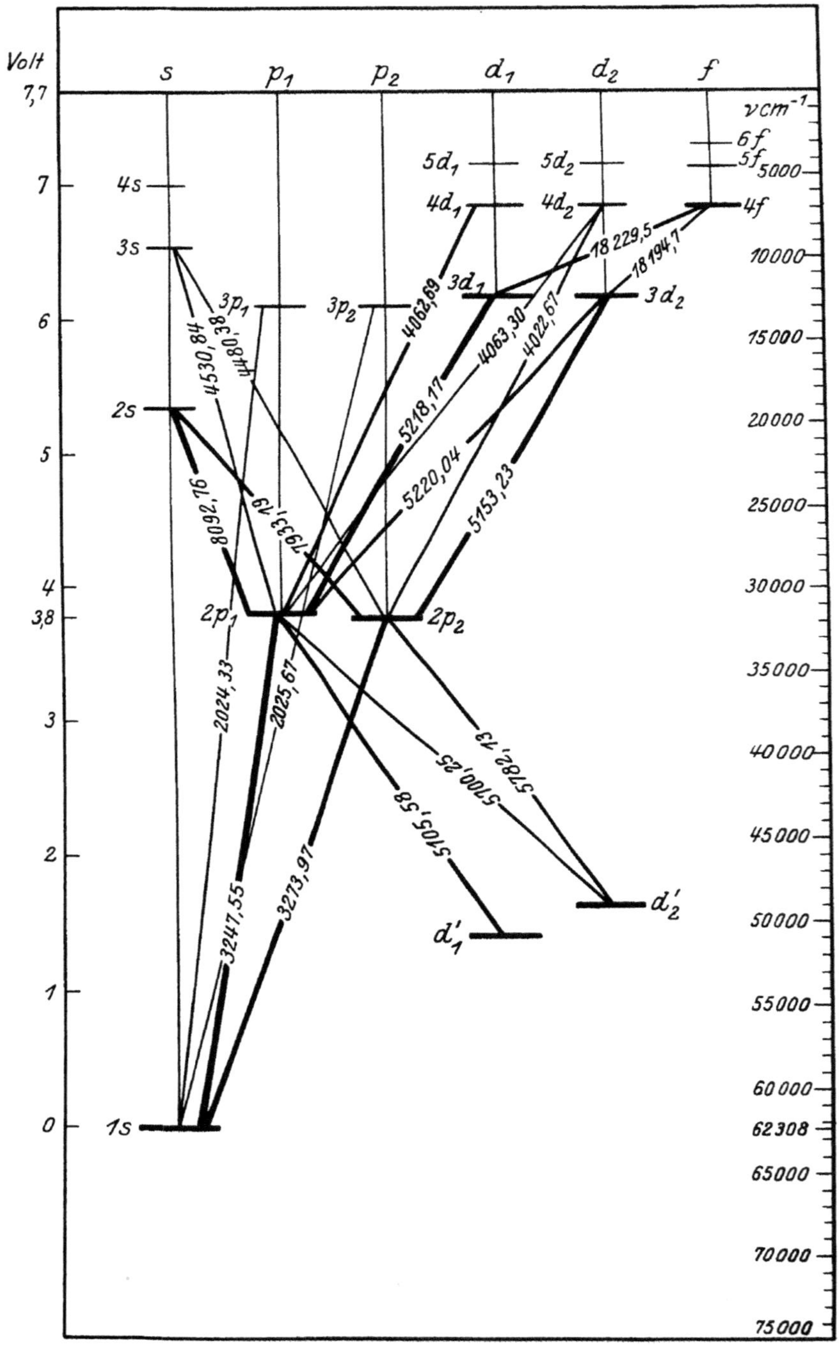

Abb. 21. Termschema von Kupfer nach GROTRIAN.

Mg Bogen 2852,1,
Funken 2795,5 und 2802,7.

Daneben treten bei Mg noch weitere Funken- und Bogenlinien auf, beispielsweise als Bogenlinien 3829,4, 3832,3, 3838,3, als Funkenlinien 2928,7, 2936,5. Bei der Bogenentladung ist also bei geringen Mengen nur das Auftreten einer Linie, nämlich 2852,1 zum Nachweis notwendig, bei der spezifischen Funkenentladung bei geringen Mg-Mengen zwei Linien, nämlich 2795,5 und 2802,7. Für diese beiden Funkenlinien gilt das gleiche, was über die Bogenlinien bei Cu, Ag und Au gesagt wurde. Die Struktur der Funkenspektren der zweiten senkrechten Spalte ist geradzahlig, so wie das Bogenspektrum der ersten senkrechten Spalte. Umgekehrt hat das Bogenspektrum, beispielsweise des Mg, ungerade Termstruktur, Singuletts und Tripletts, 2852,1 z. B. ist eine einfache Linie. Die obenerwähnten drei Bogenlinien 3829,4, 3832,3 und 3838,3 stellen ein Bogentriplett dar (vgl. auch Abb. 23). Die Funkenlinien 2928,7 und 2936,5 stellen ein Beispiel eines Funkendubletts dar, ganz gleich wie 2795,5 und 2802,7. Ganz allgemein gilt folgender Satz: *Die Zähligkeit der Terme wechselt im periodischen System von Spalte zu Spalte.* Die Zahl einer Liniengruppe wächst von links nach rechts und erreicht in 8 ihre höchste Zahl. Geradzahlige Struktur tritt auf bei den ungeraden Spalten des periodischen Systems, also bei der 1. 3. 5. 7., ungeradzahlige mithin bei der 2. 4. 6. und 8. Spalte. Beim ersten Funkenspektrum kehrt sich die Zahligkeit der Terme gerade um, da nach der SOMMERFELDschen Regel der Satz gilt, daß *die Struktur des 1. Funkenspektrums eines Atoms gleich der des Bogenspektrums des im periodischen System vorhergehenden Atoms ist* (vgl. Abb. 7 und 22). Wegen des erwähnten Wechsels hat also das erste Funkenspektrum nicht dieselbe Zahligkeit wie das Bogenspektrum. Da nach der Regel von SOMMERFELD das erste Funkenspektrum in seiner Struktur gleich dem Bogenspektrum des vorhergehenden Atoms ist, hat also das zweite Funkenspektrum wieder die Struktur des Bogenspektrums.

Im Aufbau ganz gleich wie Be und Mg ist z. B. auch noch das Ca-Spektrum. Die charakteristische Bogenlinie ist 4226,7, das Funkendublett ist 3933,7 und 3968,5. Da auch Ca, wie alle Erdalkalien, sehr leicht ionisiert wird und auch die Funkenspektren sehr leicht angeregt werden, so zeigt auch das Spektrum des Ca-Bogens viele Funkendubletts.

Zn und Cd. Beim Betrachten der Bogenspektren fallen sofort zahlreiche Tripletts auf (Abb. 23.), entsprechend der Stellung dieser Elemente im periodischen System. Dabei ist hier umgekehrt wie bei den Bogenspektren der ersten Spalte des periodischen Systems

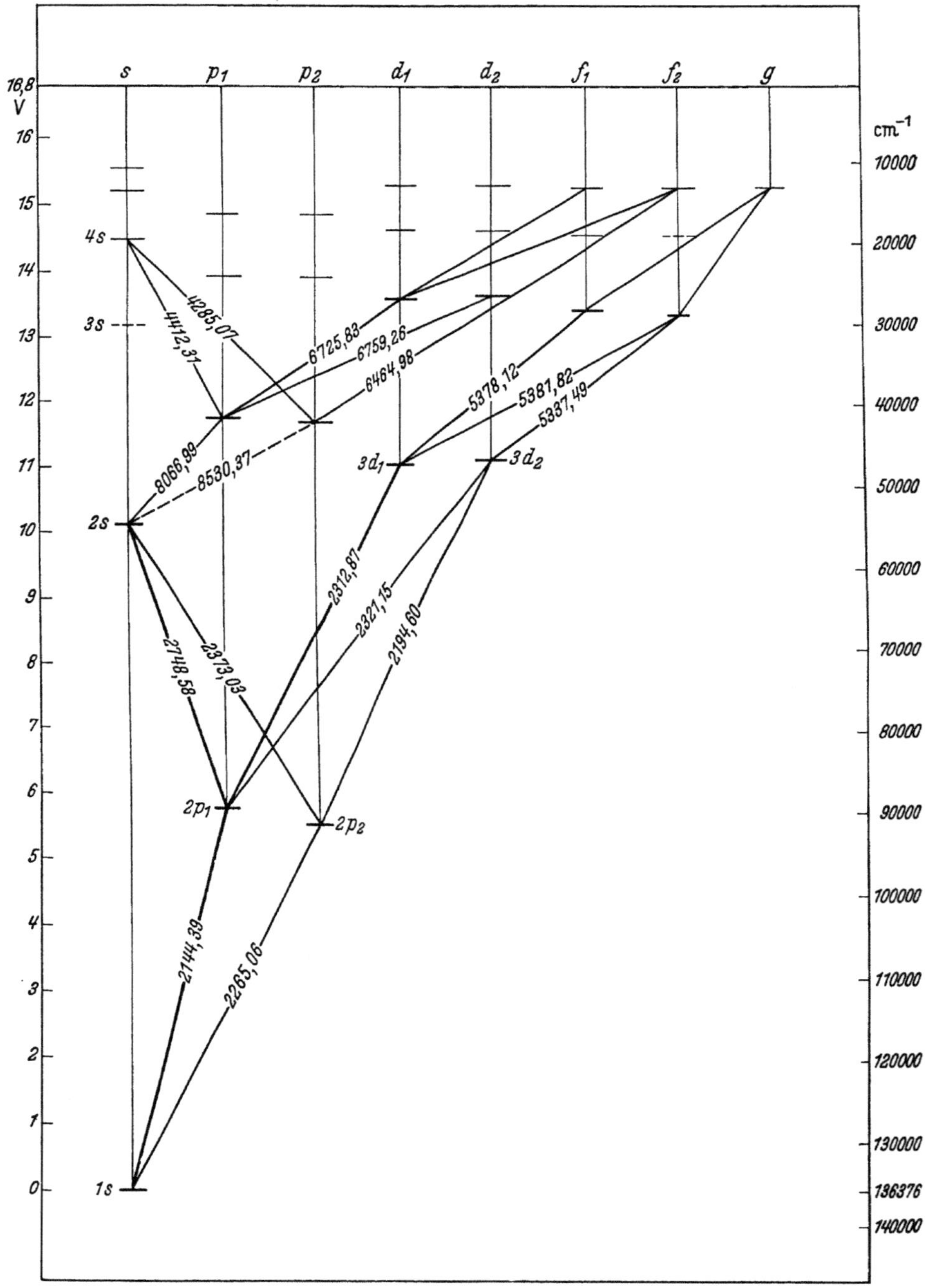

Abb. 22. Termschema von Cd II nach GROTRIAN.

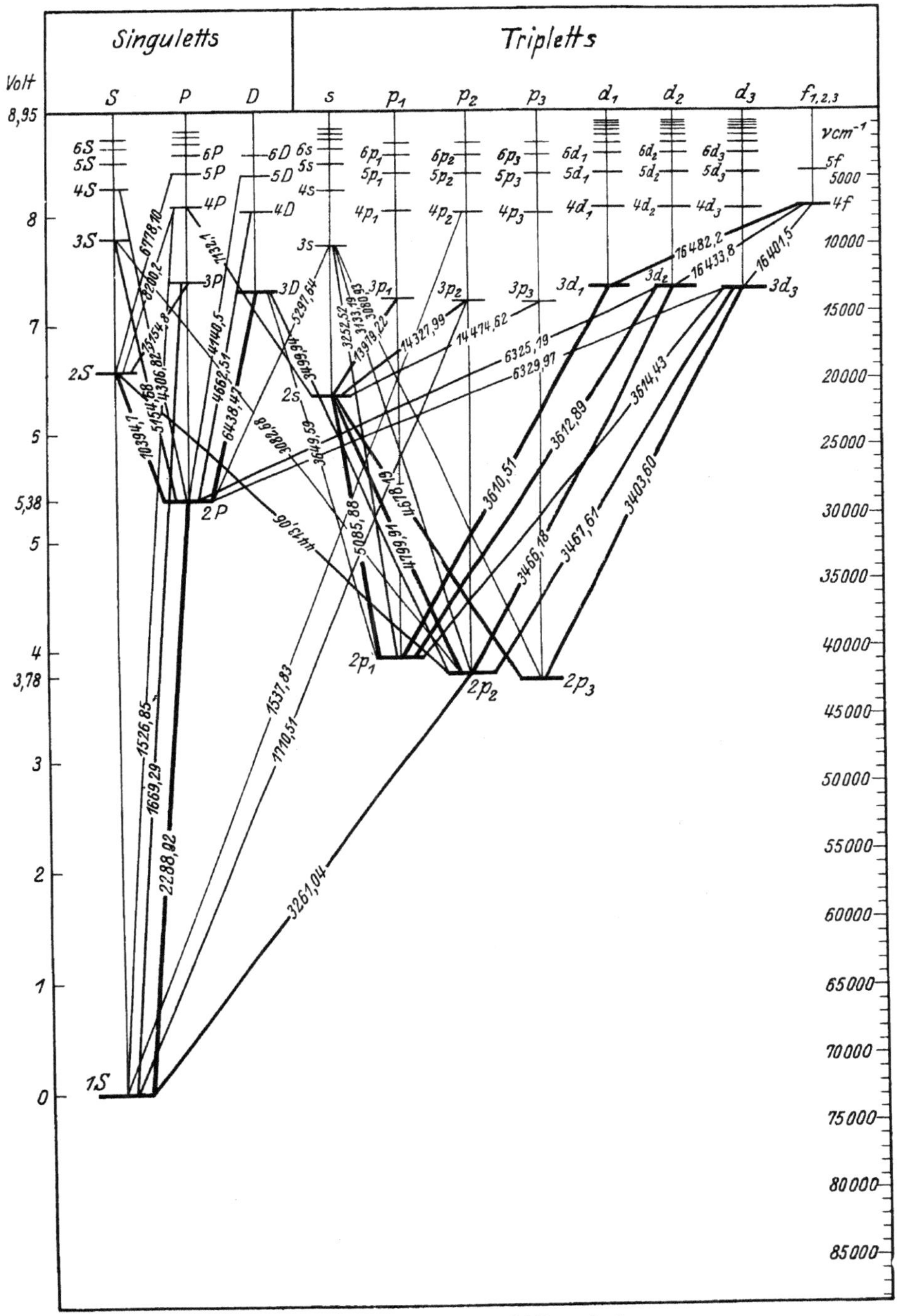

Abb. 23. Termschema von Cd I nach GROTRIAN.

immer die langwelligste die stärkste. Das charakteristische Triplett ist bei Zn 3344,9, 3302,6 und 3282,3 bei Cd 3610,5, 3466,2, 3403,7. Die empfindlichsten Linien sind allerdings die Grundlinien. Diese liegen bei beiden Elementen im kurzwelligen Ultraviolett, und zwar bei Zn bei 2138,5, bei Cd bei 2288,0. Weiter tritt hauptsächlich bei Funkenentladung noch die langwelligere Linie des Cd-Funkendubletts bei 2265,0 auf, die kurzwelligere Linie dieses Dubletts liegt bei 2144,4. Hauptsächlich bei Sensibilisieren der photographischen Schicht mit Öl wird diese Linie deutlich. Immerhin ist sie durch Absorption im Quarz geschwächt. Auch bei diesen Elementen zeigt sich die Regel Sommerfelds bestätigt.

Al. Beim Al-Spektrum ist wieder charakteristisch das Grunddublett des Bogenspektrums bei 3944,0 und 3961,5. Wieder fällt hier die Geradzahligkeit der Multiplettstruktur auf.

Von der vierten Gruppe des periodischen Systems an nimmt entsprechend der wechselnden chemischen Valenz der Unterschied zwischen Bogen- und Funkenspektrum mehr und mehr ab. Gleichzeitig wächst die Vielheit der Terme, bis sie schließlich die Zahl 8 erreicht, d.h. die einfachen Linien, die beim Cu aus einem Dublett bestehen, werden in 8 unterteilt. Dadurch werden die Spektren viel linienreicher und unübersichtlicher. Linienreichere Spektren sind schon die von Sn, Pb, Sb, Bi. Noch linienreicher sind die Spektren von Cr, Mn, Fe, Co und Ni. Die beigelegte Tafel zeigt einige Spektren der wichtigsten Elemente.

Falls das Termschema eines Elementes nicht bekannt ist, oder die letzten Linien nicht vorliegen, so kann man sich diese auch dadurch ermitteln, daß man Aufnahmen von dem betreffenden Element mit sehr kurzen Belichtungszeiten macht. Bei diesen treten dann nur noch die stärksten Linien auf, welche zugleich auch die empfindlichsten sind. Eine kurze Tabelle der letzten Linien der häufigsten Elemente folgt (*47*). Im übrigen sei aber hier auf das Buch von Gerlach und Riedl, Chem. Emissions-Spektralanalyse, 3. Teil und den Atlas der Analysenlinien von Loewe verwiesen.

Abgesehen von den Einflüssen anderer Faktoren, auf die wir noch zu sprechen kommen, so vor allen Dingen des Dampfdruckes, kann gesagt werden, daß die Nachweisempfindlichkeit der metallischen Elemente auf der rechten Seite des periodischen Systems geringer ist als die der Elemente, die auf der linken Seite stehen. Dies hängt gerade mit der Vielheit der Linien zusammen, denn wenn beispielsweise in der ersten oder zweiten Gruppe des periodischen Systems nur eine oder zwei Linien angeregt werden, so werden bei den Elementen der rechten Seite gleich sechs bis acht Linien angeregt, auf die sich die zur Verfügung stehende Energie verteilt. Außerdem können wegen des leichten Übergangs der Atome in den ionisierten Zustand viel leichter gleichzeitig beide angeregt werden, und es ist viel schwieriger, die Entladung so zu regeln, daß das Bogen- oder Funkenspektrum in starkem Maße vorherrschend wird. Diese beiden physikalischen Tatsachen bewirken, daß bei den genannten Elementen immer sehr viele Linien angeregt werden, worunter die spektrale Nachweisempfindlichkeit notleidet. Selbstverständlich bedeutet das nur, daß sie im Verhältnis zu den linienarmen Elementen unempfindlicher sind, für die praktischen Erfordernisse genügt die Empfindlichkeit durchaus und übertrifft auch hier noch in den meisten Fällen den chemischen Nachweis.

In der folgenden Tabelle sind einige häufig gebrauchte Analysenlinien zusammengestellt. Die bei einem Nachweis des betreffenden Elementes störenden Elemente sind mit Ausrufezeichen beigefügt. Es bedeutet ferner: Gr. = Grundlinie, Fgr. = Grundlinie des Funkenspektrums, Dbl. = Dublett, Trpl. = Triplett.

Tabelle der Analysenlinien einiger häufiger Elemente.

Wellenlängen in Å-Einheiten.

Li		
	6707,9	Gr. rotempf. Platte!
	6103,6	
	4603,2	
	3232,7	
Na		
	5895,9 / 5890,0	Gr. Dbl.
	3302,3	Zn!
K		
	7699,0 / 7664,9	Gr. Dbl. rotempf. Platte!
	4047,2 / 4044,2	Fe! Hg!
Cu		
	3274,0 / 3247,5	Gr. Dbl.
Ag		
	3382,9 / 3280,7	Gr. Dbl. Zn!
Au		
	2676,0 / 2428,0	Gr. Dbl.
Be		
	3131,1 / 3130,4	Fgr. Dbl.
	2348,6	Gr. As!
Mg		
	2852,1	Gr.
	2802,7 / 2795,5	Fgr. Dbl. Mn! Mn! Pb!
Ca		
	4226,7	Gr.
	3968,5 / 3933,7	Fgr. Dbl.
Sr		
	4607,3	Gr.
	4215,5 / 4077,7	Fgr. Dbl.
Ba		
	5535,5	Gr.
	4934,1 / 4554,0	Fgr. Dbl.
Zn		
	4810,5 / 4722,2 / 4680,1	Trpl.

Tabelle der Analysenlinien einiger häufiger Elemente (Forts.).

3345,0	
3302,6	Trpl. im Funken Sn!
3282,3	
2138,5	Gr. Ölsensibilisieren.
2061,9	Fgr. Dpl. Ölsensibilisieren.
2025,5	

Cd

5085,9	
4799,9	Trpl.
4678,2	
3610,5	
3466,2	Trpl.
3403,6	
3261,1	Sn!
2288,0	Gr. As!
2265,0	Fgr. Dbl.
2144,4	

Hg

5460,7	
4358,3	Trpl. K! Fe!
4046,6	
3650,2	
2536,5	Gr. P!

Al

3961,5	Gr. Dbl.
3944,0	

Tl

5350,5	Gr. Dbl.
3775,7	

B

2496,8	
2497,7	

C

2478,6	Fe!

Si

2881,6	
2528,5	Sb!
2524,1	
2516,1	
2514,3	
2506,9	

Sn

3330,6	
3283,5	nur im Funken! Zn!
3262,3	Cd!
3175,0	
3034,1	
2863,3	As! Cr!
2840,0	Cr!

Pb

4057,8	Mn!
3683,5	Fe!
3639,6	
2833,1	Cr!
2802,0	Mg! Mn!
2614,2	Fe!

P

2554,9	
2553,3	
2535,6	Hg! Fe!
2534,0	

As

2860,5	Cr! Sn!
2780,2	Mg!
2349,8	Be!
2288,1	Cd!

Sb

2877,9	Si!
2598,1	Fe!
2528,5	Si!
2311,5	

Bi

3067,7	
3024,6	
2989,0	
2938,3	
2898,0	

Cr

4289,7	Ca!
4274,8	Fe!
4254,3	
3605,3	Fe!
3593,5	Co!
3578,7	Fe!
2843,3	
2835,6	
2677,2	

Mo

3903,0	Fe!
3864,1	Fe!
3798,3	Fe!

W

4302,1	
4294,6	Fe!

Tabelle der Analysenlinien einiger häufiger Elemente (Forts.).

4074,4	
4008,8	
2947,0	Fe!
2944,4	Fe!
Mn	
4034,5	
4033,1	
4030,8	
2949,2	
2939,3	
2933,1	
2801,1	Mg! Pb!
2798,3	Mg!
2794,8	Mg!
2605,7	Fe!
2593,7	
2576,1	Al! Fe!
Fe	
4404,8	
4383,5	Cr!
4325,8	
4307,9	Ca!
4271,8	Cr!
4063,6	
4045,8	K! Hg!
3734,9	Ca!
3719,9	
3581,2	Cr!
3020,6	
2755,7	
2749,3	

2599,4	Sb!
2585,9	
2483,3	
2395,6	
2382,0	
Co	
4121,3	
4118,8	
3995,3	
3502,3	
3453,5	
3412,3	
3405,1	
Ni	
3619,4	Fe!
3524,5	Fe!
3515,1	Fe!
3493,0	
3461,7	
3458,5	Fe!
3446,3	Fe!
3437,3	Fe!
3433,6	
3414,8	
3057,6	Fe!
3054,3	Mn! Cr!
3050,8	
3002,5	
2416,1	im Funken
2316,0	im Funken
2303,0	im Funken

Aus der Tabelle ersieht man, daß die Nachweislinien einer Reihe von Elementen im sichtbaren Gebiet liegen. Es sind dies vor allem: Li, Na, K, Ca, Sr, Ba, die weit besser mit einem Glasspektrographen bestimmt werden. Von den Schwermetallen sind im sichtbaren Gebiet besonders leicht Pb, Cr, Mn, Fe, W, Co, ferner Al. Ga, Sc, Ce und Ti nachzuweisen. Für die übrigen Elemente ist ein Quarzspektrograph erforderlich, der meist für die quantitative Analyse vorzuziehen ist, da die Mehrzahl der dabei verwendeten Linien, abgesehen von den Alkalien und Erdalkalien, im U.V.-Gebiet liegen.

Aufgabe: Aus den Grotrian-Diagrammen werden die Grundlinien von Cu, Ag und Au entnommen, in den Spektren aufgesucht und ihre gegenseitigen Lagen verglichen.

Aus dem Diagramm werden die Bogen- und Funkenlinien des Cd entnommen und im Spektrum aufgesucht. Dann versuche man, auch Übergänge höherer Niveaux gruppenweise in den Spektren zu bezeichnen.

Das Spektrum von Cd^{+} und Ag vergleiche man.

In dem Buche von GROTRIAN „Graphische Darstellung der Spektren" vergleiche man die Niveau-Schemata von Na, Mg^{+}, Al^{++}, Si^{+++}, P^{4+}, S^{5+}, oder Mg, Al^{+}, Si^{++}, P^{+++}, S^{4+} usw.

Aufgabe 7.

Qualitative Analyse.

Apparate: Quarzspektrograph, Funkenerzeuger mit Funkenstativ oder Abreißbogen.

Abb. 24. Spaltkopf mit eingekapselter Stufen- und Keilblende (FUESS):

Proben: Verschiedene technische Aluminiumlegierungen, Messing, Bronze, Mn, Si, Fe, Cu, Zn, Sn.

Hilfsmittel: GERLACH und RIEDL: Emissionsspektralanalyse, III. Teil.

Aufgabe: Mit Hilfe der Stufenblende oder Keilblende werden die Spektren von Fe, Cu, Mn und Si mit denen einer Al-Legierung gekoppelt. Die Legierung wird reichlich belichtet, die Vergleichsproben nur so schwach, daß ihre letzten Linien wenig stärker als in der Legierung erscheinen. Ähnliche Aufnahmen anderer Legierungen.

Der einfachste Fall der qualitativen Analyse ist der Vergleich einer unreinen Probe eines Metalles mit einer reineren. In diesem Fall nimmt man, ohne die Kassette zu verschieben, die beiden Proben auf und koppelt die beiden Aufnahmen mit der Keilblende oder der Stufenblende (Abb. 11). Die Blendenschablone wird zu diesem Zwecke entsprechend vor den Spalt geschoben. Eine weitere Ausführung zeigt Abb. 24, bei der die Schablone vollkommen staubdicht gekapselt ist und durch Drehen in die entsprechende Lage vor den Spalt gebracht wird, die auf der Skala abgelesen wird. Im Fall der Verwendung der Keilblende nimmt man zuerst die reine Probe auf, wobei man die Keilblende so stellt, daß sie etwa 3 mm der Spaltlänge freigibt. Dann wird diese auf 2 mm erniedrigt und, ohne daß etwas am Spektralapparat verstellt wird, die unreine Probe aufgenommen. Die Linien der reinen Probe erscheinen daher durchgehend und länger, während die der unreinen Probe nur in der Mitte auftreten. Die Linien des Grundmetalles fallen aufeinander. Fremde Linien finden sich daher nur in dem mittleren, starken Teil und können leicht bei Beobachtung mit der Lupe erkannt und entweder mit der Wellenlängenskala oder dem Komparator ermittelt werden. Manche Keilblenden, sog. Stiefelknechtblenden, sind auch so konstruiert, daß die größte Öffnung des Keils in der Mitte eine Unterbrechung hat von der Größe der engsten Stelle des Keils. Auf

Abb. 25. Aluminium-Legierungen mit der Stufenblende aufgenommen.

der Aufnahme erscheint dann das Spektrum der reinen Probe nicht durchgehend, sondern je einmal über und unter dem Spektrum der unreinen Probe.

Ganz ähnlich arbeitet die Stufenblende. Die reine Probe wird beispielsweise mit der ersten Stufe der Blende aufgenommen, die unreine mit der zweiten Stufe. Bei beiden Aufnahmen bleibt die Kassette unverändert. Die Spektren erscheinen ohne Zwischenraum übereinander. Manche Blenden sind so konstruiert, daß sich die Spektren leicht überschneiden. Dabei ist auf der photographischen Platte zu beachten, daß beim Vergleich von Linien aus nicht direkt aneinander grenzenden Blendenstufen infolge der Krümmung (7) der Spektrallinien eine geringe Verschiebung eintreten kann.

Bei Spektralapparaten mit visueller Beobachtung kann das Vergleichsspektrum gleichzeitig mit einem kleinen Hilfsprisma, welches die Hälfte des Spaltes bedeckt, ins Gesichtsfeld gebracht werden.

Aus den Linien, die im Spektrum der Grundsubstanz fehlen, lassen sich leicht die Verunreinigungen erkennen. Da dieses Verfahren häufig bei Stählen angewandt wird, nennt man solche Apparate oft Stahlspektroskope.

In Abb. 25 sind mit der Stufenblende zwei in ihrer Zusammensetzung verschiedene Aluminiumproben aufgenommen. Wir finden mit der Lupe leicht, daß in der oberen Aufnahme eine Anzahl Linien vorhanden sind, die in der unteren Aufnahme fehlen, ebenso umgekehrt. Daneben ist eine ganze Anzahl Linien vorhanden, die in beiden Spektren anwesend sind. In der Regel handelt es sich hier um Linien der Grundsubstanz, in diesem Falle also Aluminiumlinien. Durch Auswerten der Wellenlängen der Linien, die nur in einem der Spektren vorhanden sind, nach einer der in Aufgabe 5 geschilderten Weisen können wir leicht die Elemente feststellen. So finden wir, daß in der unteren Probe Mangan, in der oberen dagegen sehr viel Silizium ist. In beiden Proben befindet sich außerdem noch etwas Eisen. Diese Linien erkennen wir allerdings nur an

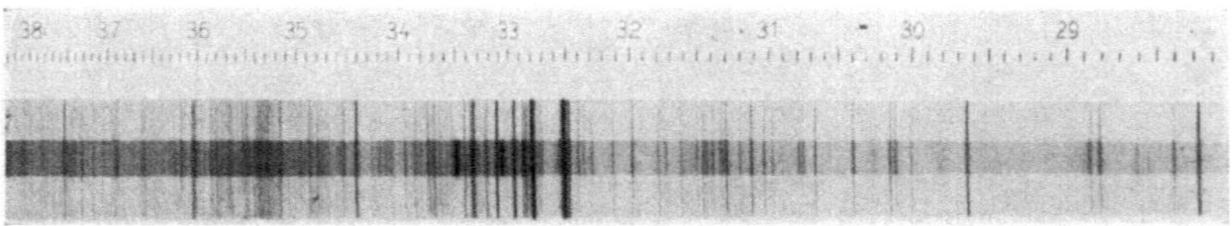

Abb. 26. Kupfer (lang) und Messing (kurz) mit der Keilblende aufgenommen.

einem geringen Intensitätsunterschied in den Aufnahmen der beiden Proben. Ist nun von einem Metall nur sehr wenig in der Probe vorhanden, so treten nur die letzten Linien der betreffenden Verunreinigung auf. Will man sich nun überzeugen, daß es sich tatsächlich um die Linien handelt, die man auf Grund der Messung vermutet, so führt man eine Kontrollaufnahme mittels der Stufen- oder der Keilblende durch, indem man die Probe mit einer Aufnahme von dem vermuteten Metall koppelt. Die letzten Linien des fraglichen Metalls müssen sich decken mit denen in der Probe, die man für Linien des nachzuweisenden Elementes hält. Zweckmäßig wird man die Aufnahme des fremden Elementes nur kurz belichten im Vergleich zu der Aufnahme der Analysenprobe, damit nicht die Grundlinien durch Überstrahlung weniger genau definiert sind, wodurch die Übereinstimmung in der Wellenlänge nicht so exakt festgestellt werden könnte. Diese Art der Kontrolle kann ganz analog verwendet werden, wenn man keine reine Probe des zu analysierenden Metalles zur Verfügung hat. In diesem Fall kann man zunächst durch Auswerten einer Aufnahme der Analysenprobe feststellen, ob die letzten Linien anderer Elemente anwesend sind. Man stellt dazu beispielsweise die Wellenlängenskala auf eine Linie die Grundsubstanz ein und sieht nach, ob an den Stellen, wo letzte

Abb. 27. Meßprojektor (FUESS).

Linien anderer Elemente liegen müßten, überhaupt Linien vorhanden sind. Um nunmehr ganz sicher zu sein, kann man außerdem noch eine Aufnahme der Probe mit einer des Elementes koppeln, welches man vermutet. Abb. 26 zeigt eine Aufnahme von Messing gegen Cu mittels der Keilblende. Man sieht die Kupferlinien von oben bis unten durchgehend im Spektrum, die Zinklinien dagegen nur in der Mitte des Spektrums.

Für die qualitative Analyse leisten derartige Aufnahmen für alle vorkommenden Fälle große Dienste, da sie das Auffinden von fremden Linien erleichtern und die Sicherheit der Analyse vereinfachen und erhöhen. Man wird sich deshalb eine Reihe möglichst reiner Metalle und eine Anzahl von Legierungen verschaffen, diese in der angegebenen Weise analysieren und sich die Platten für spätere Arbeiten nach entsprechender Beschriftung aufbewahren.

Aufgabe 8.

Das Arbeiten mit dem Projektor.

Apparate: Wie bei Nr. 7, dazu Projektor und Photopapier.

Hilfsmittel: Tabelle der Fe-Linien und Fe-Spektrum. S Anm. S. 60.

Aufgabe: Ausmessen von Spektrallinien und Herstellung einer Kopie des Fe-Spektrums mit Bezeichnung der wichtigsten Linien.

Abb. 28. Spektrenprojektor (STEINHEIL).

Zur Betrachtung von Spektren verwendet man häufig Projektionsgeräte, beispielsweise Spektrenprojektoren (Abb. 27, 28), die sich vor allen Dingen dann eignen, wenn man Spektren demonstrieren oder zu mehreren gemeinsam auswerten will. Diese Geräte können in Verbindung mit Spektrenlehren in sehr einfacher Weise für die Auswertung qualitativer Analysen, die regelmäßig durchgeführt werden müssen, herangezogen werden.

Projektoren sind in vollkommener und praktischer Ausführung im Handel zu haben und lassen sich u. U. auch leicht aus den Teilen eines alten Projektionsapparates für den Praktikumsgebrauch improvisieren.

Daß die Projektoren die Spektren stark vergrößern, hat zwar den Vorteil, daß man ohne Anstrengung der Augen seine Beobachtungen durchführen kann, es wird dafür dem Anfänger oft schwer, sich zurecht zu finden, da er immer nur einen kleinen Ausschnitt des Spektrums überblickt. Eine sinnvolle Vereinigung von Meßtisch und Projektor, bei dem die Platte stets im Gesichtsfeld bleibt, zeigt Abb. 28. Manche Geräte besitzen geteilte Feintriebe zum Ausmessen von Linienabständen und Anreißvorrichtungen, so daß während des Beobachtens bestimmte Linien markiert werden können.

Die Anordnungen eignen sich auch zur Ausführung von Wellenlängenbestimmungen. Man stellt sich zu diesem Zwecke Bogen- und Funkenspektren des Eisens her und kopiert die Platte auf eine andere um, so daß man ein Positiv erhält. Von diesem Positiv macht man mit Hilfe des Projektors ein aus mehreren Teilen be-

Abb. 29. Wellenlängenbestimmung mit Hilfe eines Fe-Spektrus.

stehendes vergrößertes Bild des Spektrums, das nun dem ursprünglichen Negativ im Projektor betrachtet gleichen muß. Durch geeignete Wahl der Belichtungszeiten beim Umkopieren und Vergrößern muß man zu erreichen suchen, daß dies sowohl für die Anzahl der auftretenden Linien als auch für die Gradation zutrifft.

Da wir dieses Spektrum als Wellenlängenskala benutzen wollen, müssen wir zunächst eine Anzahl von Linien mit ihrer Wellenlänge bezeichnen (Abb. 29). Mit einer ungefähr stimmenden Wellenlängenskala oder einem Bild eines Eisenspektrums, in dem einige Linien bezeichnet sind, kann man schon die einzelnen Wellenlängenbereiche festlegen. Dabei fällt schon auf, daß Bereiche, in denen sich die Linien stark häufen mit solchen abwechseln, die linienarm sind. Danach kann man sich orientieren. Im Funkenspektrum ist eine solche linienarme Stelle zwischen 2630 und 2690 Å. Mitten darin stehen zwei besonders starke Linien. Es sind die Linien 2664,67 und 2666,64. Nach diesen kann man seine Skala einstellen, oder man hilft sich nach Bestimmen des Vergrößerungsverhältnisses mit der früher verfertigten Dispersionskurve weiter. Es wird nicht schwer sein die Eisenlinien 2679,06; 2684,76; 2689,22 und 2692,61 zu erkennen. Um sicher zu sein, mißt man die Abstände aller Linien von der Linie 2664,67 aus, und man stellt sich folgende Tabelle auf, die in einem Beispiel wiedergegeben ist:

Linie	Δ Å	mm	Å/mm
2664,67			
	1,97	3,8	0,52
2666,64			
	14,39	27,0	0,53
2679,06			
	20,09	38,3	0,53
2684,76			
	24,55	47,0	0,53
2689,22			
	27,34	53,0	0,52
2692,61			

Die Konstanz des Dispersionsfaktors, die für den kleinen Bereich angenommen werden kann, bestätigt, daß wir die Linie richtig angesprochen haben. Durch Interpolation können wir nun die Wellenlängen der dazwischenliegenden schwachen Linien bestimmen. Wir beobachten solche bei 30,9; 33,7 und 34,7 mm. Ihre Wellenlängen sind demnach 2681,03; 2682,50 und 2683,05 Å. Ein Vergleich mit einer ausführlichen Tabelle zeigt, daß es sich um die Linien 2681,05; 2682,50 und 2682,98 Å handeln muß.

Nun stellen wir uns die Frage, an welcher Stelle sollte die Chromlinie 2677,16 auftauchen. Sicher zwischen Fe 2666,64 und 2679,06, und zwar 4,0 mm von letzterer entfernt. Zum Chrom-Nachweis markieren wir uns die Stelle. Es ist zu beachten, daß die Linie sehr nahe bei einer schwachen Eisenlinie liegt. Die Entfernung ist nur 0,5 mm. Wie man sich in solchen Fällen hilft, lehrt die nächste Aufgabe.

Will man zu anderen Gebieten des Eisenspektrums übergehen, so sucht man sich dort markante Linien aus. Man sieht dabei weniger auf besonders starke Linien, als auf Gruppen mit eigenartiger, leicht zu erkennender Anordnung, und stellt die ungefähre Wellenlänge erst mit der Skala oder an Hand eines vorhandenen Spektrums (z. B. Tafel) fest. Dann verfährt man wie oben beschrieben.

Ein Verfahren der qualitativen Spektralanalyse, das nicht mehr auf Eisen beschränkt ist, beruht nun darauf, daß man sich in einem solchen vergrößerten Eisenspektrum die Lage der Analysenlinie der wichtigsten Elemente einträgt und die zu untersuchenden Proben mit der Stufenblende mit Eisen koppelt. Mit unserem Eisenspektrum als Vorlage werden wir im Projektor rasch die Zusammensetzung der Probe erkennen.

Hat man häufig eine Substanz auf Verunreinigung durch ein bestimmtes Element zu prüfen, so kopiert man den Bereich, in dem

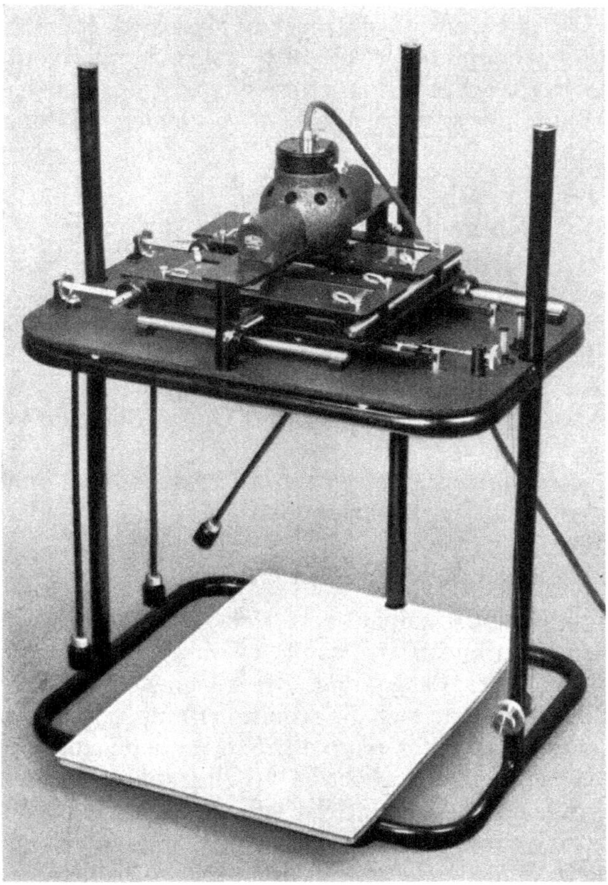

Abb. 30. Spektrenkomparator (ZEISS). Die Deckplatte und ein Vorhang, der die Apparatur an drei Seiten umgibt, sind abgenommen.

die empfindliche Linie liegt oder zeichnet sich die wichtigsten Linien auf einem Pappestreifen.

An einige dieser Linien schreibt man die Wellenlängen an, und zwar am besten so, daß man die Analysenlinien besonders kennzeichnet. Eine solche Lehre, die man in der Größe des Bildes des projizierten Spektrums anfertigt, hat man dann nur an dieses anzulegen, und man kann sofort die Anwesenheit der fraglichen Elemente feststellen. Auf diese Weise können selbst schwierigere Analysen linienreicher Spektren, beispielsweise von Stählen, leicht qualitativ durchgeführt werden.

Wesentlich erleichtert werden solche Arbeiten durch die Benutzung eines Komparators. Es ist dies eine Projektionseinrichtung, die es erlaubt, zwei Spektren von verschiedenen Platten genau übereinander abzubilden (Abb. 30). Man kann damit z. B. ein eben hergestelltes Spektrum einer Probe mit dem eines reinen Metalles oder einer ähnlichen bekannten Probe aus der Sammlung vergleichen.

Aufgabe 9.

Koinzidenz und Reinheitsprüfung.

Apparate: Quarzspektrograph. Abreißbogen und Funkenerzeuger mit Funkenstativ.

Proben: Manganhaltiges Aluminium, technische Eisenproben.

Hilfsmittel: Kayser, Atlas; Gerlach und Riedl.

Aufgabe: Ausführung einer Reinheitsprüfung:

a) Aufsuchen der stärksten Linien der in Betracht kommenden Verunreinigungen.

b) Aufsuchen der Koinzidenzen mit Linien des Grundmetalles.

c) Aufsuchen der Koinzidenzen mit Linien anderer Verunreinigungen.

d) Aufsuchen von Kontrollinien.

In dieser Aufgabe soll auf eine Schwierigkeit eingegangen werden, die sehr häufig auftritt, sowie es sich darum handelt, bei der Untersuchung einer Probe auch die geringsten Verunreinigungen festzustellen, also eine sog. Reinheitsprüfung vorzunehmen. Hier tritt häufig der Fall auf, daß an der Stelle, an der die letzten Linien irgendeines Elementes auftreten, auch Linien von dem Element liegen, das wir untersuchen; d. h., schwache Linien der Grundsubstanz besitzen dieselbe Wellenlänge oder unterscheiden sich darin nur so wenig von den letzten Linien anderer Elemente, daß sie auf der Platte nicht getrennt werden können. Dadurch kann die Brauchbarkeit einer letzten Linie sehr eingeschränkt werden. Es soll dies an einem Beispiel einer früheren Aufgabe gezeigt werden. In einer manganhaltigen Aluminiumprobe finden wir die Manganfunkenlinie 2576,1 sehr stark neben den etwas schwächeren Linien 2593,7 und 2605,7. In der Aufnahme der anderen Aluminiumprobe finden wir nun bei 2576,1 ebenfalls eine Linie, die allerdings sehr schwach ist. Beim Nachsehen in einer Tabelle, beispielsweise in Kayser-Ritschl, Hauptlinien der Linienspektren, finden wir nun, daß bei 2575 auch zwei Aluminiumlinien liegen, die bei vielen Spektrographen sicher nicht von 2576,1 Mangan getrennt werden. Wir können also auf Grund dieser Linien nicht entscheiden, ob die Probe Mangan enthält oder nicht. Wir müssen daher nach den anderen „Letzten Linien“ sehen, in diesem Falle nach 2593,7 und 2605,7. Diese sind nicht vorhanden, und infolgedessen enthält die Probe sicher keine nennenswerte Mengen an Mangan. Da jedoch von den drei Linien 2576,1 die stärkste ist, könnten für den Fall, daß diese sehr schwach ist, die anderen Linien nicht mehr auf der Platte erscheinen und somit der Spurennachweis von Mn unsicher sein. In dem Spezialfall des Mangannachweises in Aluminium kann man sich nun dadurch helfen, daß man eine Aufnahme im Bogen macht. Hier sind nämlich die Manganlinien bei 4030,8 bzw. 4033,0 die empfindlichsten, die von Aluminium nicht gestört werden. Sind diese im Bogen nicht vorhanden, so ist kein Mangan anwesend. Nicht immer aber besteht eine solche Möglichkeit. Dann bietet die Verstärkung einer schwachen Linie der Grundsubstanz durch eine letzte Linie eines anderen Elementes einen Weg zur Entscheidung. Ist beispielsweise eine Linie der Grundsubstanz *A*, die mit einer letzten Linie *C* eines anderen Elementes zusammenfällt, an sich schwächer als eine Linie *B* der Grundsubstanz, so kann sie durch die Linie *C* so verstärkt werden, daß sie nun stärker ist als *B*. Auf diese Weise können oft Entscheidungen getroffen werden. W. Gerlach und E. Riedl haben im III. Teil der Chem. Emissions-Spektralanalyse eine Zusammenstellung aller Koinzidenzen gegeben, die die „letzten Linien“ der Elemente stören können und gleichzeitig die zum Überwinden der Schwierigkeit nötigen Hilfslinien angeführt.

Besonders schwierig wird die Reinheitsprüfung dann, wenn linienreiche Elemente wie etwa Eisen auf Verunreinigungen geprüft werden müssen hauptsächlich dann, wenn keine reine Vergleichsprobe vorliegt. Die Möglichkeit von Koinzidenzen ist hier besonders groß. Wichtig ist aber vor allen Dingen, bei linienreichen Elementen eine möglichst große Auflösung zu erzielen. Man wird also mit einem Spektrographen arbeiten, der neben einer guten Dispersion auch eine sehr scharfe Abbildung der Linien gibt. Außerdem wählt man bei linienreichen Elementen eine möglichst enge Spaltbreite. Man schließt den Spalt so weit, daß gerade keine wesentliche Abnahme der Intensität auftritt. Meist wird im Ultravioletten eine Dispersion genügen, bei der das Spektrum eine Länge von etwa 12—15 cm besitzt.

Als Beispiel für die Analyse eines linienreichen Spektrums wählen wir den Nachweis von Nickel in Eisen. Zunächst orientieren wir uns im Eisenspektrum, um überhaupt die für die Analyse in Betracht kommenden Wellenlängenbezirke zu finden. Geeignete Eisenlinien, die trotz der Vielheit auch der starken Linien sehr leicht zu finden sind und als Ausgangspunkt für die Orientierung dienen können, sind die Linien 3440,9; 3100 und 3021. Von diesen ausgehend kann man mit dem Komparator oder der Wellenlängenskala leicht das ganze Spektrum entziffern. Die für den Nickelnachweis in Frage kommenden Nickellinien sind ganz allgemein die letzten Linien, also 3619,4, 3524,5, 3515,1, 3493,0, 3461,7, 3414,8, 3050,8. Man kann nun in dem Eisenspektrum sehr leicht feststellen, daß wir an der Stelle der Nickellinie 3619,4 eine Linie finden, von der wir zunächst ohne eine Tabelle nicht entscheiden können, ob sie vom Eisen oder Nickel stammt. An der Stelle der Linie 3524,5 und ebenso bei 3515,1 finden wir dagegen im Eisenspektrum nur ganz schwache Linien. Ganz ähnlich verhält es sich auch mit den übrigen letzten Linien. Da sich die letzten Linien des Nickels in ihrer Intensität nicht allzu stark unterscheiden, kann die starke Linie bei 3619 unmöglich von Nickel allein herrühren. Hier muß also eine starke Eisenlinie liegen. Wir können uns davon sehr leicht schon überzeugen durch Nachschlagen der Wellenlänge in einem Atlas der Hauptlinien. Dort finden wir bei 3618,8 eine sehr starke Bogenlinie des Eisens, die zweifellos von der Nickellinie 3619,3 nicht getrennt wird, so daß diese Linie für den Nachweis des Nickels in Eisen von vornherein ausscheidet. Wenn wir nun an den Plätzen der übrigen Nickellinien stets Linien im Eisenspektrum finden, die in ihrer Intensität etwa gleich stark sind, so können wir mit großer Sicherheit annehmen, daß Nickel vorhanden ist. Zur Entscheidung, ob die gefundenen Linien tatsächlich vom Nickel herrühren oder aber schwache Eisenlinien sind, können wir eine vollständige Aufstellung des Eisenlinienspektrums heranziehen[1]. Dabei finden wir, daß einzelne Nickellinien nicht mit Eisen zusammenfallen, sowie die Dispersion des Spektrographen etwas größer ist. Solche Nickellinien sind beispielsweise 3461,7, 3414,8 (s. Abb. 38). Die letztere ist außerdem mit die stärkste auftretende Nickellinie. Wenn also diese Linien anwesend sind, so ist Nickel sicher vorhanden. Sehr vereinfacht wird eine solche Bestimmung immer dann, wenn man Proben mit sehr verschiedenen Konzentrationen des Elementes, auf welches man prüft, zur Verfügung hat. Man erkennt dann sehr leicht, wie sich die Intensitäten der fraglichen Linien zu den in der Nähe befindlichen Linien der Grund-

[1] Tabelle des Funken- und Bogenspektrums des Eisens von G. SCHEIBE, Funkenspektrum des Eisens von A. GATTERER und J. JUNKES, ferner Kaysers Handbuch der Spektroskopie, Bd. 5—7, welches fast alle Elemente umfaßt.

substanz ändern. Ist irgendeine Linie des Eisens stärker als eine benachbarte, während in einem ganz reinen Eisen, das unter gleichen Entladungsbedingungen aufgenommen ist, die Intensität gerade umgekehrt ist, so kann man mit Sicherheit schließen, daß an dieser Stelle die Linie einer fremden Substanz anwesend ist.

Bisher haben wir nur von Koinzidenzen gesprochen zwischen letzten Linien eines Elementes und meist schwachen Linien des Elementes, in welchem der Nachweis zu führen ist. Daneben können aber auch Koinzidenzen von letzten Linien zweier verschiedener Elemente auftreten, beispielsweise bei Arsen und Cadmium. Die betreffenden Wellenlängen sind As 2288,1, Cd 2288,0. Hier kann dadurch entschieden werden, daß man nachsieht, von welchem Element auch die übrigen letzten Linien vorhanden sind, also beispielsweise Cd 3261,1 oder die Funkenlinie 2265,0 bzw. die Arsenlinie 2349,8.

Schließlich sei noch ein Fall von Koinzidenzen erwähnt, nämlich die von letzten Linien und Bandenköpfen, die von den mitangeregten Gasen der Luft herrühren (*22*). So fällt beispielsweise die Bleilinie 4057,8 mit einer Luftlinie derselben Wellenlänge zusammen. Die Entscheidung, ob Blei vorliegt, kann auf verschiedene Weise erbracht werden. Einmal stehen noch weitere Bleilinien, z.B. 3683,5 zur Verfügung, weiter befindet sich eine Luftlinie bei 3995,1, die stärker ist als die Luftlinie 4057,8, schließlich tritt bei Bogenentladung die Intensität der Luftlinien im Gegensatz zu der der Pb-Linie stark zurück. Durch einen Bandenkopf wird bei manchen Anregungsarten der Nachweis des Bi mit der Linie 3024,6 gestört. Der Nachweis der Eisenlinie 4071,7 kann durch Luft 4072,3 und von Fe 4063,6 durch Luft 4063,2 beeinträchtigt werden.

Es ist sehr lehrreich, Beispiele von Analysen mit Koinzidenzen und Kontrollen durchzuarbeiten. Die möglichen Koinzidenzen entnimmt man dazu etwa den Tabellen von Kaiser und Ritschl. Die Möglichkeit der Trennung nahe benachbarter Linien schätzt man an Hand der Wellenlängendifferenz, der Dispersion und der Linienbreite.

III. Quantitative Analyse.

Aufgabe 10.

Übersichtsanalyse.

Apparate: Spektralapparat, Funken oder Bogen, Projektor.

Proben: Analysenproben (Legierungen) und Testproben abgestuften Gehaltes.

Aufgabe: Ungefähre Konzentrationsbestimmung durch Vergleich der Spektren von Probe und Testen.

In vielen Fällen der technischen Praxis genügt es, die ungefähre Zusammensetzung eines Stoffes zu kennen, oder seinen Gehalt an irgendwelchen Verunreinigungen durch einen Maximalwert begrenzen zu können. Eine solche Übersichtsanalyse oder halbquantitative Bestimmung läßt sich dadurch ausführen, daß man

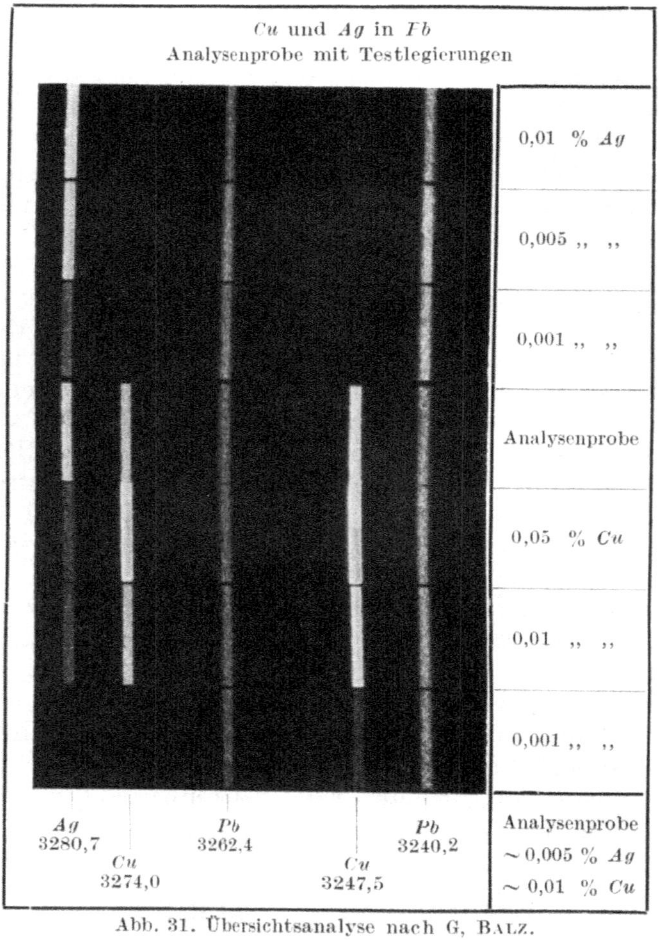

Abb. 31. Übersichtsanalyse nach G. BALZ.

die Analysenproben zusammen mit den Testproben bekannten, geeignet gestaffelten Gehalten zusammen auf eine Platte unter gleichen Bedingungen aufnimmt und die Spektren miteinander vergleicht. Die Testproben schmilzt man sich, wenn es sich um Metalle handelt, zusammen, oder man entnimmt geeignete Proben aus dem Betrieb und läßt sie chemisch analysieren. Die Abstufung der Gehalte wird etwa folgendermaßen gewählt: 1%; 0,5%; 0,2%; 0,1%; 0,05%; 0,02%; 0,01% usw. Geeignete Beispiele sind neben vielen anderen: Ag, Cu, Bi, in Pb von 1—0,001% oder Sb in Pb von 1—0,005% oder Pb, Cd, Bi, Sn in Zn von 0,5—0,005% oder legierte Stähle, sofern die Konzentration der Zusätze, die beobachtet werden sollen, einige Prozente nicht überschreiten (Abb. 31).

Das Verfahren ist ebenso wie für Metalle auch für Salze und Lösungen geeignet. Salze und konzentrierte Lösungen kann man, wie später beschrieben wird, auf Kupfer- oder Kohleelektroden verfunken (*107*).

Der Spektralanalytiker tut gut, sich mit der Zeit eine umfangreiche Sammlung von Elektroden bekannten Gehaltes von allen Werkstoffarten, die ihm durch die Hand gehen, anzulegen. Er wird dann immer in der Lage sein, auf diese zurückzugreifen und sich rasch ein Bild über die ungefähre Zusammensetzung einer neuen unbekannten Probe zu machen.

Aufgabe 11.

Abhängigkeit des Spektrums von den Entladungsbedingungen.

Apparate: Quarzspektrograph; Funkenerzeuger mit veränderlicher Kapazität und Selbstinduktion; Abreißbogen, Funkenstativ.

Proben: Zinnelektroden, Zinnlegierungen.

Aufgabe: Vergleich von Abreißbogen und Funkenspektrum. Beobachtung der Änderung der Linienintensität bei Aufnahmen mit verschiedener Selbstinduktion. Bestimmung des Charakters der Bogen- oder Funkenentladung bestimmter Spektren. Festlegen von bestimmten Entladungsbedingungen durch elektrische Bedingungen und Prüfung ihrer Einhaltung bei Änderung der Elektrodenform.

Wir haben bereits früher den Unterschied zwischen Bogen- und Funkenspektrum kennengelernt. Praktisch treten im Bogen nicht ausschließlich Atomlinien auf, diese treten jedoch am meisten hervor. Im Funken erhalten wir stets Atom- und Ionenlinien nebeneinander, und ihr gegenseitiges Verhältnis hängt u. U. stark von den Entladungsbedingungen ab. Über die technische Möglichkeit, die verschiedenen Arten der Spektren zu erhalten, soll hier die Rede sein.

Unsere qualitativen Analysen haben wir bisher mit einer Bogen- oder Funkenentladung ausgeführt. Für manche Fälle der qualitativen Analyse ist die Bogenanregung speziell im Abreißbogen von Vorteil, weil das Spektrum linienarm ist, man sich leicht darin orientieren kann und die Möglichkeit der Koinzidenzen gering ist; außerdem ist die Empfindlichkeit sehr hoch.

Bei der quantitativen Analyse liegt die Sache anders. Man ist erstens von dem Vorhandensein des zu analysierenden Stoffes schon überzeugt und braucht ihn nicht erst zu identifizieren. Andererseits muß man die Linien des Zusatzes B, den man in einer Grundsubstanz A bestimmen will, mit gleich oder wenigstens annähernd gleichstarken Linien dieser Substanz A vergleichen. Man benötigt deshalb von A nicht nur wenige starke Linien, sondern eine möglichst große Auswahl von Linien aller Gradationen, um die Linien von B, deren Stärke von der jeweiligen Konzentration abhängt, vergleichen zu können. Solche Spektren liefert der kondensierte Funken, dessen Schaltung in seiner einfachsten Form in der Abb. 1 dargestellt ist.

Die Vorgänge bei der Entladung eines solchen Funkenkreises spielen sich im Prinzip folgendermaßen ab:

Sowie der Kondensator C die für den Durchschlag der Funkenstrecke notwendige Spannung erreicht hat, geht ein Funken über. Dieser Funkenübergang zeigt infolge der Wirkung der Kapazität und der Selbstinduktion einen oszillierenden Charakter. Nach dem ersten Funkenübergang lädt sich die Kondensatorplatte entgegengesetzt auf. Die Spannung geht also vom höchsten positiven Wert über 0 in einer Sinuskurve zu einem negativen Wert über. Die Zeit, in der diese Entladung erfolgt, ist gegeben durch die Größen von L und C. Für die Schwingungsdauer gilt die Formel: $\tau = 2\pi\sqrt{LC}$. Infolge des Widerstandes der Funkenstrecke wird jedoch nicht mehr die ursprüngliche Spannung im Kondensator erreicht, da ein großer Teil der elektrischen Energie im Funken in Wärme übergeht, d. h. die Schwingungen sind stark gedämpft und klingen rasch ab. Die Neuaufladung der Kapazität durch den Transformator löst dann die nächste Entladungsfolge aus.

Für genaue quantitative Analysen genügt nun diese einfache Entladungsanordnung nicht. Sie ist zu wenig konstant, die Höhe der Spannung und damit die aufgespeicherte Elektrizitätsmenge bleibt nicht dieselbe, und dies wirkt sich auf den Charakter des Spektrums aus. Die Durchbruchsspannung der Funkenstrecke ändert sich nämlich durch die Entladung selbst. Dies rührt daher, daß einmal die Leitfähigkeit der Funkenstrecke sich durch den Funkenübergang verändert; die Ionisierung der Luft erhöht sich, die Elektrodenoberfläche bleibt nicht dieselbe. Alle diese zufälligen Erscheinungen verändern nun dauernd die Durchschlagsspannung und damit den spektralen Charakter des Funkens. Dies wird vermieden beim Funkenerzeuger nach Feussner. Bei ihm sorgt ein im Kreis II (Abb. 1) synchron mit der Netzspannung laufender Unterbrecher dafür, daß der Überschlag stets im Spannungsmaximum erfolgt. Der Funkenkreis bleibt also so lange unterbrochen, bis die maximale Spannung an den Kondensatorplatten liegt. Eine Verbesserung wird auch erreicht, wenn man nach SCHEIBE in jeder halben Periode nur einen einzigen Funken übergehen läßt. Man kann dies dadurch bewirken, daß man durch geeignete Wahl von Selbstinduktion Kreis *I* und Kreis *II* in Resonanz bringt, oder auch dadurch, daß man in den Kreis *II* einen Ohmschen Widerstand einschaltet, der die Aufladezeit des Kondensators verzögert und dadurch die Funkenfolge vermindert.

Für den Charakter des Spektrums ist nun die Größe von L und C sowie ihr gegenseitiges Verhältnis von großer Bedeutung. Vergrößern wir C, so werden dabei große Elektrizitätsmengen auf den Kapazitäten angereichert, denn Spannung, Kapazität und Elektrizitätsmengen stehen in folgender Beziehung:

$$Q = C \cdot V.$$

Q = Elektrizitätsmenge,
V = Spannung,
C = Kapazität.

Ist nun die Kapazität sehr groß, so sind auf Grund der erwähnten Beziehung sehr große Elektrizitätsmengen erforderlich, bis die Überschlagsspannung V erreicht ist. Bei der Entladung bewirken diese im Funken eine sehr hohe momentane Stromstärke, was eine hohe gaskinetische Temperatur zur Folge hat. Die Temperatur des Funkens ist höher als bei kleiner Kapazität. Für die Anregung hat die hohe Stromstärke im Funken zur Folge, daß ein großer Teil der Atome ionisiert ist. Wir erhalten also auch eine sehr starke Intensität der Funkenlinien.

Die Selbstinduktion wirkt nun auf das Spektrum in entgegengesetzter Weise. Bei einer Vergrößerung derselben steigt die Entladungsdauer, wie aus der Gleichung für die Schwingungszeit leicht ersichtlich ist, an. Die Stromstärke bleibt dabei niedrig. Dies hat zur Folge, daß im Funken keine so hohe Temperatur entsteht, d. h. die Ionisierung ist geringer, das Funkenspektrum wird wenig angeregt, die niederen Anregungsstufen herrschen vor. Wir kommen zu der allgemein gültigen Regel: *Erhöhung von Kapazität macht das Spektrum funkenähnlicher, Erhöhung der Selbstinduktion bogenähnlicher.* Allgemein werden bei Erhöhung der Kapazität infolge der größeren angesammelten Energiemenge die Linien intensiver, aber auch der Untergrund schwärzer, da auch die Luft in starkem Maße angeregt wird.

Für die quantitative Analyse ist es nun wichtig, solche gleichbleibenden Entladungsbedingungen zu erhalten, da sich sonst die

Intensitäten der Spektrallinien dauernd verändern. Auf der Konstanz der Intensitäten beruht aber gerade die quantitative Analyse. Man arbeitet also stets mit einer geregelten Entladung. Darüber hinaus aber hat man zu beachten, daß Elektrodenform, Durchmesser der Elektroden (*72*) sowie der Elektrodenabstand stets derselbe bleibt. Schließlich kann man auch durch Bestrahlen der Funkenstrecke mit einer Quecksilberlampe die Gleichmäßigkeit des Funkenübergangs günstig beeinflussen.

Bei linienreichen Elementen hat man nun meist die Gelegenheit, die Konstanz des Funkens optisch zu kontrollieren, wobei man

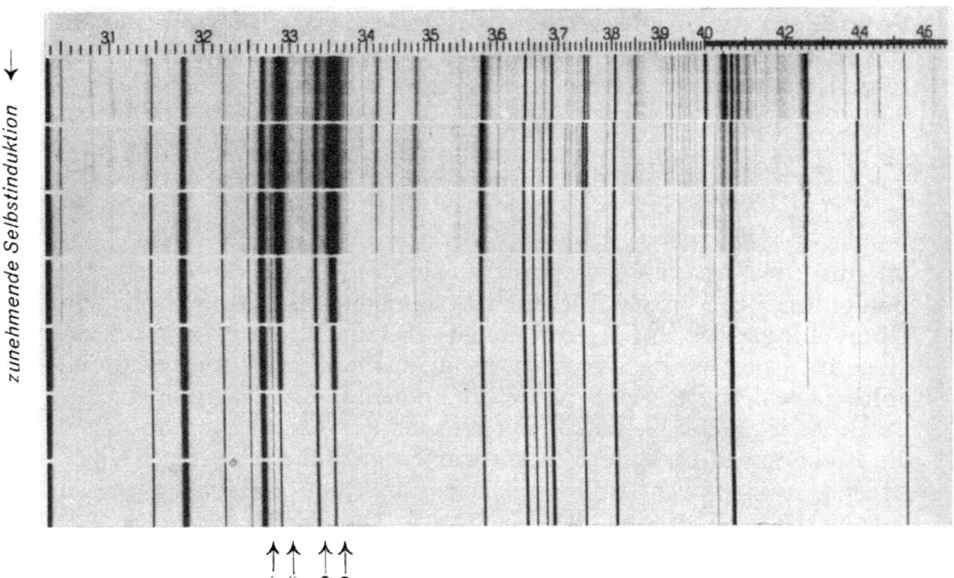

Abb. 32. Fixierungspaare Sn 3352, Sn 3331 ↑↑ und Sn 3284, Sn 3262 ↑↑.

gerade die Veränderlichkeit des spektralen Charakters mit den Entladungsbedingungen zur Kontrolle dieser selbst benutzen kann. Auf dieser Grundlage hat W. Gerlach eine im folgenden besprochene Methode der Spektralanalyse aufgebaut.

Als Beispiel für die Einstellung und Kontrolle von bestimmten Entladungsbedingungen wählen wir Funkenaufnahmen von Zinn oder zinnreichen Legierungen (z.B. 90 At% Sn + 10 At% Pb). Wir machen hintereinander eine Reihe von Aufnahmen, bei denen wir die Selbstinduktion des Funkenerzeugers von 0 bis zu der uns maximal zur Verfügung stehenden Zahl von Windungen steigern[1].

[1] Käufliche Funkenerzeuger besitzen oft keine variable Selbstinduktion.

Die Kapazität wählt man dabei nicht zu hoch, um ein Schmelzen der Elektroden zu verhindern (zwei Fünftel der im Feussnerschen Funkenerzeuger eingebauten Kapazität). In Abb. 32 ist eine solche Aufnahme wiedergegeben. Wir betrachten zunächst das Paar: Atomlinie Sn 3330,6 und Ionenlinie Sn 3352,3 und erkennen, daß bei den ersten Aufnahmen mit wenig Selbstinduktion, also überwiegendem Funkencharakter die Ionenlinie stärker ist als die Atomlinie. Bei großer Selbstinduktion ist es umgekehrt. Bei der sechsten Aufnahme ist Gleichheit erreicht. Diese Gleichheit wird nun in vielen Fällen als Bedingung für die Fixierung der Entladungsart gefordert. Man nennt dann dieses Linienpaar „*Fixierungspaar*".

Auch das Linienpaar 3262,3 und 3283,5 läßt sich zur Festlegung der Entladungsbedingungen mit geringerer Selbstinduktion, die in der vierten Aufnahme erreicht ist, heranziehen, ferner bei großer Selbstinduktion 3283,5 und 3218,7. Weitere Linienpaare, die häufig als Fixierungspaare benutzt worden sind:

Pb 3137,8 und Pb 3220,5; Pb 2948,7 und Pb 2950,
Pb 2562,4 und Pb 2657,2; Fe 2518,1 und Fe 2517,2,
Al 2816,2 und Al 2575,1; Fe 2929,0 und Fe 2926,6.

Zur Übung suche man die Bedingungen für eine Anzahl dieser Paare auf.

Es soll hier noch eine Eigenschaft besprochen werden, welche den Grundlinien zukommt, die sog. Selbstumkehr (*17*), da sie für die Auswahl der Linien, die sich für die quantitative Spektralanalyse eignen, von Wichtigkeit ist. Die Erscheinung beruht auf folgendem: Wenn wir weißes Licht durch einen Metalldampf gehen lassen, so werden daraus bestimmte Wellenlängen absorbiert, und zwar hauptsächlich diejenigen, die den Grundlinien zukommen. Wenn wir also in einem Funken die Grundlinien anregen, so muß dieses Licht auch noch die den Funken umgebende Dampfwolke durchstrahlen. Dort findet nun wieder eine teilweise Absorption dieses Lichtes der Grundlinien statt, während Lichtwellen, die von Elektronenübergängen herrühren, die nicht zu einem Grundzustand führen, in der Regel ungeschwächt hindurchgehen. Die Grundlinien erfahren also je nach der zufälligen

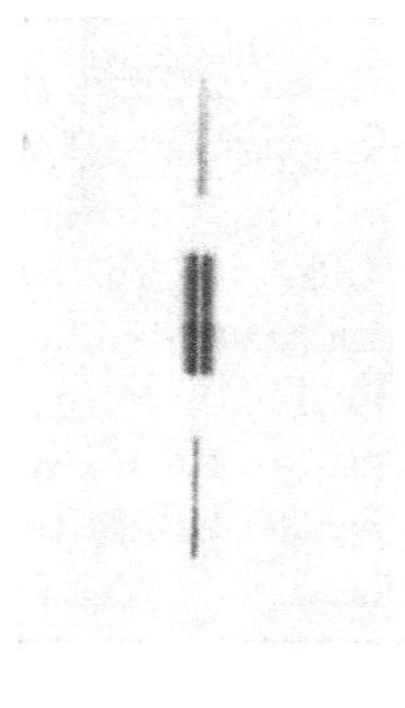

Abb. 33.
Selbstumkehr von
Zn 2138,5;
Pb + 1% Zn
Zn rein
Pb + 0,1 % Zn.

Man läßt sich dann eine Reihe von Windungen anzapfen, so daß man $1/2$, $1/4$, $1/8$ usw. der vorhandenen Windungen anklemmen kann.

Verteilung der Dampfwolke im Funken im Verhältnis zu anderen Linien eine Schwächung.

Da die Emissionslinien häufig eine beträchtliche natürliche Breite aufweisen, die Absorptionslinien aber sehr schmal und scharf sind, tritt diese Schwächung hauptsächlich in der Mitte der Linie auf. Abb. **33** zeigt dies deutlich an der Linie Zn 2138,5 bei Zink und Legierungen von Blei mit 0,1 und 1% Zn.

Aufgabe 12.

Quantitative Analyse nach der Methode der homologen Linienpaare.

Apparate: Quarzspektrograph; Funkenerzeuger mit veränderlicher Selbstinduktion. Funkenstativ.

Proben: Legierungen von Zinn mit verschiedenen Gehalten an Blei. Legierungen von Eisen mit verschiedenen Gehalten an Chrom, Nickel und Mangan.

Hilfsmittel: GERLACH und SCHWEITZER, Bd. I und II.

Aufgabe: Aufnahme von Legierungen verschiedener vorher bestimmter Zusammensetzung und Aufstellung einer Tabelle der homologen Linienpaare. Abschätzen der Konzentration einer unbekannten Legierung.

Bis vor nicht allzu langer Zeit hielt man eine Auswertung eines Spektrogrammes zum Zwecke einer quantitativen chemischen Analyse für aussichtslos. Diese Ansicht ist begreiflich, wenn man sich überlegt, von welch mannigfachen Faktoren die von uns beobachtete Schwärzung einer Spektrallinie auf der Platte abhängt. Der Wechsel der Intensität mancher Linien mit den Entladungsbedingungen im Funken spielt dabei die erste wichtige Rolle. Um eine reproduzierbare Schwärzung der Linien eines Spektrums zu erhalten, müßte man zunächst dafür sorgen, daß die Entladungsbedingungen genau konstant gehalten würden. Dies ist jedoch nicht einfach, und selbst durch Festlegen der elektrischen Daten bei einem einfachen Funkenerzeuger könnte die Entladung noch von Zufälligkeiten abhängen. Zudem wären irgendwelche so gewonnenen Resultate nicht in andere Laboratorien zu übertragen, die über eine andere elektrische Einrichtung verfügen.

Die zweite Schwierigkeit liegt in den Eigenschaften der photographischen Platte. Selbst wenn es uns gelingt, eine strenge Beziehung zwischen der Konzentration eines Stoffes in den Elektroden und der auf die Platte auffallenden Lichtmenge einer bestimmten Linie durch Einhalten bestimmter Bedingungen für die Anregung zu erhalten, könnten wir zunächst nichts aussagen, da die Schwärzung, die auf der Platte zur Beobachtung kommt, noch von vielen Faktoren abhängig ist. Wir wollen uns deshalb die wichtigsten Eigenschaften der photographischen Platte kurz vor Augen führen.

Belichtet man eine photographische Platte stufenweise verschiedene Zeiten lang mit Licht gleicher Intensität, so erhalten wir nach dem Entwickeln eine stufenförmig dichter werdende Schwärzung. Werden die Schwärzungen der einzelnen Felder gemessen und gegen den Logarithmus der Belichtungszeit, d.h. der eingestrahlten Lichtmenge aufgetragen, so erhält man eine Schwärzungskurve (Abb. 34). Aus ihr läßt sich eine einfache mathematische Beziehung zwischen der Lichtmenge und Schwärzung, wie sie für die quantitative Spektralanalyse wünschenswert wäre, nicht ableiten. Zudem wechselt die Schwärzungskurve nicht nur mit der Plattensorte, sondern auch noch mit der photochemischen Behandlung. Gerade die Steilheit, Kontrastfaktor genannt, die für die Differenz der Schwärzungen zweier Linien von Wichtigkeit ist, ändert sich stark mit der Entwicklungsart. Denken wir noch an die Tatsache, daß die gleiche Lichtmenge mit großer Intensität in kurzer Zeit eingestrahlt zu einer stärkeren Schwärzung führt als bei geringer Intensität und langer Zeit, den sog. Schwarzschildeffekt, und an den Intermittenzeffekt, der dadurch zustande kommt, daß eine zusammenhängende Belichtung anders wirkt als eine oft unterbrochene, aber im ganzen gleichlange, so sehen wir, daß es ein aussichtsloses Beginnen wäre, die Menge eines Stoffes, der in der Dampfwolke eines Funkens angeregt wurde, durch die Schwärzung einer Linie messen zu wollen. Auch die Analyse der Mischung zweier Stoffe auf Grund des Vergleiches von Linienschwärzungen ist nur unter größter Vorsicht und dem Einhalten bestimmter empirisch festgelegter Bedingungen möglich.

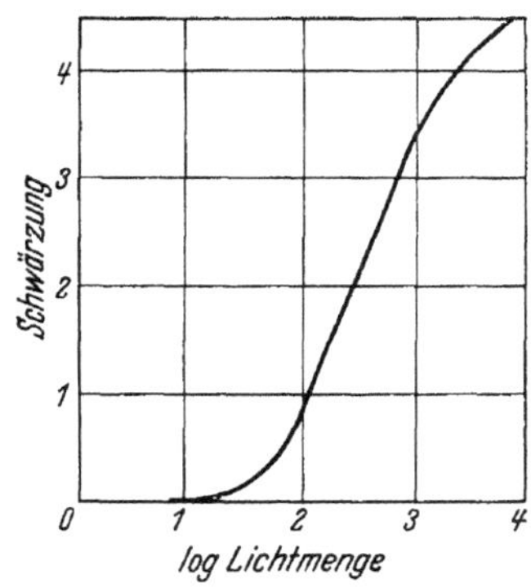

Abb. 34. Schwärzungskurve.

Die einwandfreie Festlegung der Entladungsbedingungen und die Ausschaltung der Einflüsse des photographischen Prozesses sind bei der *Methode der homologen Linienpaare* von W. Gerlach und E. Schweitzer in sinnvoller Weise auf denkbar einfache Art erfüllt. Die Prüfung der Entladungsbedingungen wird dabei auf Grund der in der vorigen Aufgabe wiedergegebenen Erfahrung in das Spektrogramm selbst verlegt. Bei dem Beispiel, das wir hier besprechen wollen, der Analyse einer Zinn-Bleilegierung, wird gefordert, daß zwei Linien des Grundmetalles Zinn, nämlich Sn^{+} 3352,3 und Sn 3330,6, die gleiche Schwärzung aufweisen. Damit sind die Entladungsbedingungen eindeutig festgelegt, ohne daß

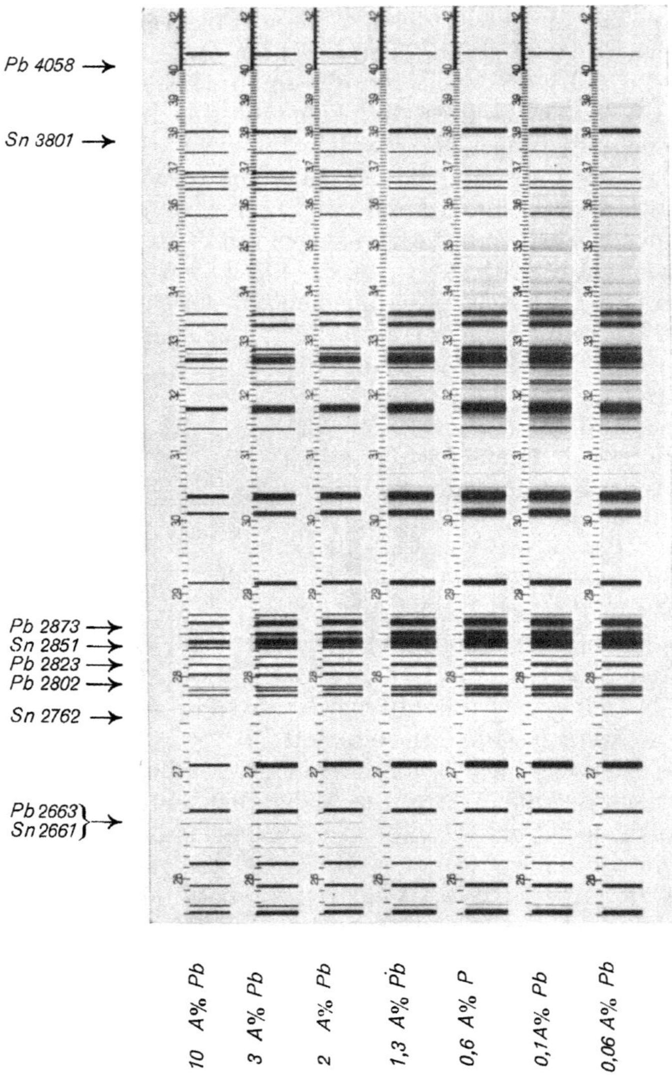

Abb. 35. Homologe Linienpaare, Blei in Zinn.

dabei die Angabe elektrischer Daten über den Funkenerzeuger notwendig wäre. Ein solches Fixierungspaar ist für eine Aufgabe um so geeigneter, je stärker die Veränderung ist, die es bei einer Veränderung der Selbstinduktion oder der Kapazität erfährt. Es muß möglichst variant sein.

Die nötigen Unterlagen für die quantitative Analyse gewinnt man nun dadurch, daß man sich eine Reihe von Zinnlegierungen mit etwa 0,01—10 At-% Blei herstellt, deren Bleigehalt genau bekannt sein muß. Von jeder Legierung werden zwei Elektroden hergestellt, und die Spektren aller Legierungen der Reihe nach auf einer Platte aufgenommen. Beim Betrachten der Platte wird man feststellen, daß die gleichen Sn-Linien durch alle Spektren nahezu die gleiche Schwärzung zeigen, während man beim Verfolgen einer Pb-Linie bemerkt, daß ihre Schwärzung mit fallender Konzentration schwächer wird. Vergleichen wir die Schwärzungen von Sn 2762 und Pb 2823 durch alle Konzentrationen, so erkennen wir, daß von hohen Konzentrationen ausgehend anfänglich die Bleilinie stärker als die Zinnlinie ist, und daß bei niedrigen Konzentrationen die Bleilinie schwächer als die Zinnlinie wird. Bei einer bestimmten Konzentration von 1,3 At-% sind die Linien gleich stark (Abb. 35). Diese Konzentration nehmen wir als Fixpunkt und wissen, daß stets, wenn die genannten Linien, die ein *homologes Paar* genannt werden, in einer Spektralaufnahme gleich stark sind, diese von einer Zinn-Legierung stammt, die 1,3 At-% Blei enthält. Voraussetzung ist dabei, wie vorhin auseinandergesetzt, daß das *Fixierungspaar* ebenfalls gleich stark ist.

Wenn möglich, wählt man für homologe Linienpaare solche Spektrallinien aus, deren gegenseitiges Intensitätsverhältnis möglichst invariant gegenüber Änderungen der Entladungsbedingungen ist (GERLACH). Bei allen Metallkombinationen ist dies allerdings nicht möglich. Aber auch bei sehr invaranten Paaren ist es zu empfehlen, stets die Entladungsbedingungen durch Aufnahme eines Fixierungspaares zu überwachen, um auf alle Fälle unvorhergesehenen Änderungen gegenüber geschützt zu sein.

Es wird nun leicht sein, für weitere Konzentrationen Blei- und Zinnlinien zu finden, die intensitätsgleich sind, und diese homologen Paare in einer Tabelle zusammenzufassen, wie es hier in der nachfolgenden Tabelle geschehen ist. In dem Spektrogramm (das der Reproduktion wegen sehr reichlich belichtet ist) sind die homologen Paare und das Fixierungspaar leicht aufzufinden. Die Belichtungszeiten sind so zu wählen, daß sich die Schwärzungen der zu vergleichenden Linien im geradlinigen, steilsten Teil der Schwärzungskurve befinden, da dort Unterschiede in den Schwärzungen am ehesten zu erkennen sind. Man braucht dies nicht unbedingt durch Photometrieren festzustellen, sondern kann schon durch Variation der Belichtungszeit das geeignete Gebiet finden. Die Spaltbreite wird mit Vorteil etwas größer gestellt (0,04 mm), als bei qualitativen Analysen, da der Vergleich der Schwärzungen dann leichter ist. Mit einer guten Lupe wird man mit einiger Übung Abweichungen um 5—10% von der festgelegten Konzentration noch erkennen können. Bei Analysen von Legierungen unbekannter Zusammensetzung wird es selbstverständlich selten der Fall sein, daß gerade die in den den Fixpunkten entsprechenden Mengen vorhanden sind. Meist werden die Konzentrationen zwischen zwei Fixpunkten liegen. Man kann ohne große Mühe abschätzen, ob die unbekannte Konzentration näher am oberen oder näher am unteren der benachbarten Fixpunkte liegt. Auf diese Weise kann man also auch ohne Benutzung eines Photometers eine rohe Interpolation ausführen und dabei ein annähernd quantitatives Resultat erzielen.

Das Aufstellen neuer Tabellen wird nach dem Gesagten ohne weiteres möglich sein. Man wird stets zunächst ein Fixierungspaar festlegen und dann eine Reihe von Testlegierungen verschiedener Konzentration aufnehmen. Wenn man nicht sofort homologe Paare findet, so wird man solche sehen, die einander ähnlich sind, und durch geringe Änderung der Konzentration Gleichheit der Schwärzung erreichen. Als Fixierungspaar verwende man ein Linienpaar, das *möglichst variant* ist, während die Analysenpaare *möglichst invariant* sein sollen. Dies stellt man fest, indem man die Schwärzung der betreffenden Linie in einer Reihe von Aufnahmen verfolgt, wie wir sie zur Festlegung des Fixierungspaares herstellten. Bei der Auswahl der homologen Paare vermeide man möglichst Linien, die zur Selbstumkehr neigen und benutze nur Linien, die so nahe beieinander liegen, daß sie sich gleichzeitig mit der Lupe betrachten lassen. Der Wellenlängenunterschied soll bei allen Linien, die der quantitativen Analyse dienen, nicht zu groß sein, da die Empfindlichkeit der Photoplatten von der Wellenlänge abhängt und wie aus Abb. 5 zu ersehen, eine Änderung der Blende der Kameralinse verschiedene Wellenlängen verschieden beeinflussen kann.

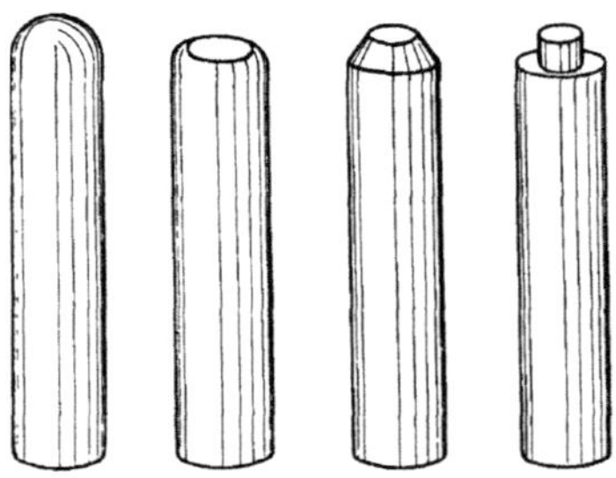

Abb. 36. Verschiedene Elektrodenformen.

Als Elektrodenform kann bei dem Beispiel der Analyse die früher erwähnte Dachform (*33*) oder eine einfache halbkugelige Kuppe von 4—6 mm Durchmesser verwendet werden. Für die quantitative Analyse hat sich jedoch auch in vielen Fällen der Kegelstumpf und eine abgesetzte zylindrische Form mit leicht abgerundeten Kanten sehr bewährt, wie sie in Abb. 36 dargestellt sind.

Es ist bei der quantitativen Analyse meist notwendig, die Elektroden vor der eigentlichen Aufnahme abzufunken, um einen stets reproduzierbaren Funkenübergang zu gewährleisten. Die Vorfunkzeit hängt von der Größe der angefunkten Elektrodenoberfläche ab. Man wählt diese deshalb, wie in Abb. **36** zu sehen, nicht zu groß, sorgt aber andererseits durch einen dicken Stiel für gute Wärmeableitung. Bei den im ersten Beispiel zu verwendenden meißelförmigen Zinnelektroden genügt die zum Einstellen der Elektroden nötige Zeit zum Vorfunken.

Die Vorteile dieser Methode seien zum Schluß noch einmal kurz zusammengefaßt:

1. Die Anregungsbedingungen werden durch das Fixierungspaar im Spektrum selbst festgelegt und kontrolliert.
2. Die Veränderlichkeit der Schwärzungskurve durch die Eigenschaften der Platte und den photochemischen Prozeß wird dadurch ausgeschaltet, daß nur Linien gleicher Schwärzung verglichen werden.
3. Die Ungleichheiten, die in der Fläche einer Platte auftreten können, werden dadurch wirkungslos, daß nur nahe beieinander liegende Linien betrachtet werden.

Beispiele für homologe Linienpaare[1].

Fixierungspaar: Sn I 3331 = Sn II 3352.

Pb	Sn	At % Pb	Cd	Sn	At % Cd
2663,2	2661,3	10	3403,7	3330,6	10
2802,0	2850,6	3	3403,7	3656	2
4057,8	3801,0	2	3403,7	3142	1,5
2823,2	2762	1,3	3403,7	3218,7	0,5
2873,3	2762	0,6			
2802,0	2762	0,1			

Für die quantitative Analyse linienreicher Elemente gelten dieselben Bedingungen, wie wir sie in Aufgabe **9** für die Reinheitsprüfung solcher Elemente kennen gelernt haben. Während man sonst bei der quantitativen, speziell bei der photometrischen Auswertung besser mit breitem Spalt arbeitet, ist man bei sehr linien-

[1] Weitere Tabellen homologer Linienpaare finden sich bei GERLACH und SCHWEITZER, WA. GERLACH und WE. GERLACH: Emissionsspektralanalyse I und II. Berlin 1930 und 1933. — SEITH, W.: Handbuchartikel „Spektralanalyse" in Handb. f. Werkstoffprüfung von SIEBEL, G.: II. Band. Berlin 1939. — SMITH, D. M.: Metallurgical Analysis by the Spectrograph. London 1933. — BRECKPOT, R.: Ann. Chim. Bruxelles, verschiedene Arbeiten, seit 1933.

reichen Elementen gezwungen, auch hier einen engen Spalt zu wählen. Für die Vergleiche unter der Lupe kommen ferner nur solche Linien in Frage, die sehr nahe benachbart liegen, da wegen des Linienreichtums ein Vergleich anderer Linien unmöglich ist. Im folgenden sei als Beispiel[1] die Analyse von Chrom, Mangan,

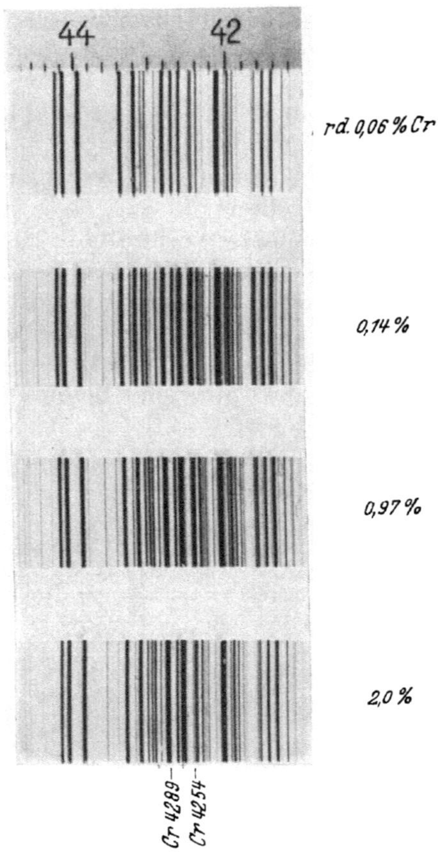

Abb. 37a. Cr in Fe.

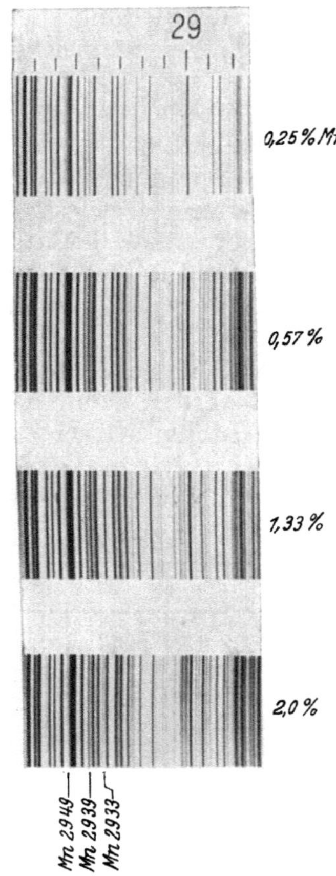

Abb. 37b. Mn in Fe.

Nickel im Eisen mittels der Methode der homologen Linienpaare angegeben (Abb. 37a, b und 38)[2].

[1] Zur Analyse linienreicher Elemente ist ein Spektralapparat großen Auflösungsvermögens (Zeiß Qu 24; Fuess 110; oder ähnliches Modell) wünschenswert.

[2] Testlegierungen sind durch Dr. K. Ruthardt, Hanau, zu erhalten. — Der Heraeus-Vakuumschmelze A.-G. sei für die Herstellung der Legierungen bestens gedankt.

Cr	Fe	Gleichheit bei Gew.-% Cr
4254,3	4260,5	2
4254,3	4250,8	2
3578,7	3558,5	1,4
4289,7	4294,1	1
4289,7	4282,4	0,4
4289,7	4299,2	0,9
4274,8	4282,4	0,09
4254,3	4210,4	0,07
3593,5	3594,6	0,07
4254,3	4247,4	0,065
3578,7	3572,0	0,06
3578,7	3573,8	0,05

Mn	Fe	Gleichheit bei Gew.-% Mn
2605,7	2613,8	etwa 2,5
2949,2	2947,9	1,8
2933,1	2936,9	1,7
2939,3	2936,9	1,1
2939,3	2944,4	0,9
2593,7	2591,6	0,8
2933,1	2941,3	0,75
2949,2	2944,4	0,6
2576,1	2577,9	0,55
2939,3	2941,3	0,45
2576,1	2574,4	0,4
2593,7	2592,8	0,25
2933,1	2920,7	0,2

Ni	Fe	Gleichheit bei Gew.-% Ni
3524,5	3526,1	etwa 2,8
3515,1	3521,3	2
3515,1	3513,8	1,7
3414,8	3407,5	1,7
3524,5	3521,3	1,2
3054,3	3055,3	0,9
3446,3	3445,1	0,75
3433,6	3422,7	0,5
3472,6	3471,3	0,45
3414,8	3413,1	0,45
3510,3	3506,5	0,35
3414,8	3404,4	0,3
3050,8	3055,3	0,3
3510,3	3508,5	0,2

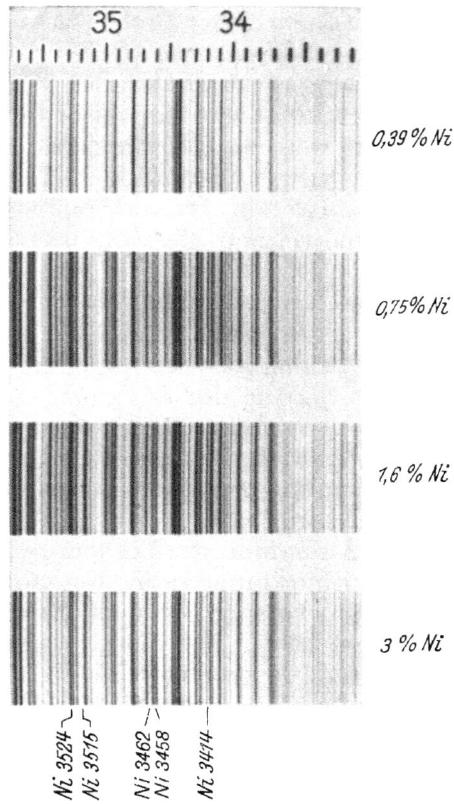

Abb. 38. Ni in Fe.

Die in den letzten drei Tabellen angegebenen Paare, vor allen Dingen die zwischen Eisen, Mangan und Nickel, verlangen streng konstante Entladungsbedingungen. Rein invariante Paare können hier nicht gefunden werden. Ein geeigneter Fixpunkt ist das Intensitätsverhältnis der FeI-Linie 2929,0 zu der FeII-Linie 2926,6. Diese beiden müssen gleich sein oder doch nur ganz wenig verschieden. Die hier angegebenen homologen Paare wurden an Hand einiger analysierter Proben zunächst durch okulare Schätzung ermittelt und teilweise photometrisch kontrolliert, da die okulare Schätzung nicht genau genug war. Diese photometrische Kontrolle soll zweckmäßigerweise im Verlauf der Aufgaben 13 und 15 durchgeführt werden. Bei einzelnen Linien können geringe Differenzen zwischen der okularen Schätzung und dem genauen photometrischen Wert auftreten. Diese rühren vor allen Dingen daher, daß bei der photometrischen Messung das Schwärzungsmaximum der Linie schärfer erfaßt wird.

Als Übungsaufgabe führe man zunächst ein bekanntes Beispiel in folgender Weise durch:

1. Aufnahme einer Legierung mit wechselnder Selbstinduktion zur Festlegung der Bedingungen, bei denen die Linien des Fixierungspaares intensitätsgleich werden.
2. Aufnahme einer Reihe von Testlegierungen der in den Tabellen angegebenen Konzentrationen und Aufsuchen der homologen Paare.
3. Aufnahme von Legierungen unbekannter Konzentration und deren Einordnung in die Konzentrationsstufen.

Dann versuche man die Aufstellung einer neuen Tabelle, wozu man am besten Metallpaare verwendet, die sich leicht zusammenschmelzen lassen, etwa Pb, Zn, Cd und Bi (*92*). Man geht so vor:

1. Herstellung der Legierung in Abstufungen von etwa 3%; 1%; 0,3%; 0,1%; 0,03%.
2. Aufnahme einer Legierung mit wechselnder Selbstinduktion, Aufsuchen von nebeneinander liegenden Paaren aus einer Bogen- und einer Funkenlinie des Grundmetalls nach der Tabelle. Festlegen der Aufnahmebedingungen einer Aufnahme, bei der ein solches Paar gleich geschwärzt erscheint.
3. Aufnahme der Testlegierungen verschiedener Konzentration und Aufsuchen homologer oder nahezu homologer Paare.
4. Variation der Konzentration zum Angleichen der homologen Paare.

Aufgabe 13.

Photometrieren eines Spektrums.

Apparate: Spektrallinienphotometer.
Proben: Spektralaufnahmen der vorhergehenden Aufgabe.
Aufgabe: Ausphotometrieren der homologen Linienpaare.

Während man homologe Linien meist mit dem unbewaffneten Auge oder einer Lupe mit ausreichender Genauigkeit zu beurteilen vermag, muß man sich zum Vergleich verschieden starker Linien eines Photometers bedienen. Die Messung beruht auf folgendem:

Läßt man Licht einer bestimmten Intensität auf eine geschwärzte Stelle einer Platte fallen, so wird ein Bruchteil absorbiert, und der Rest wird die Platte durchdringen. Das Verhältnis der durchgehenden Intensität zu der eingestrahlten J_d/J_e nennt man die Transparenz (T). Der reziproke Wert J_e/J_d wird als Opazität und der

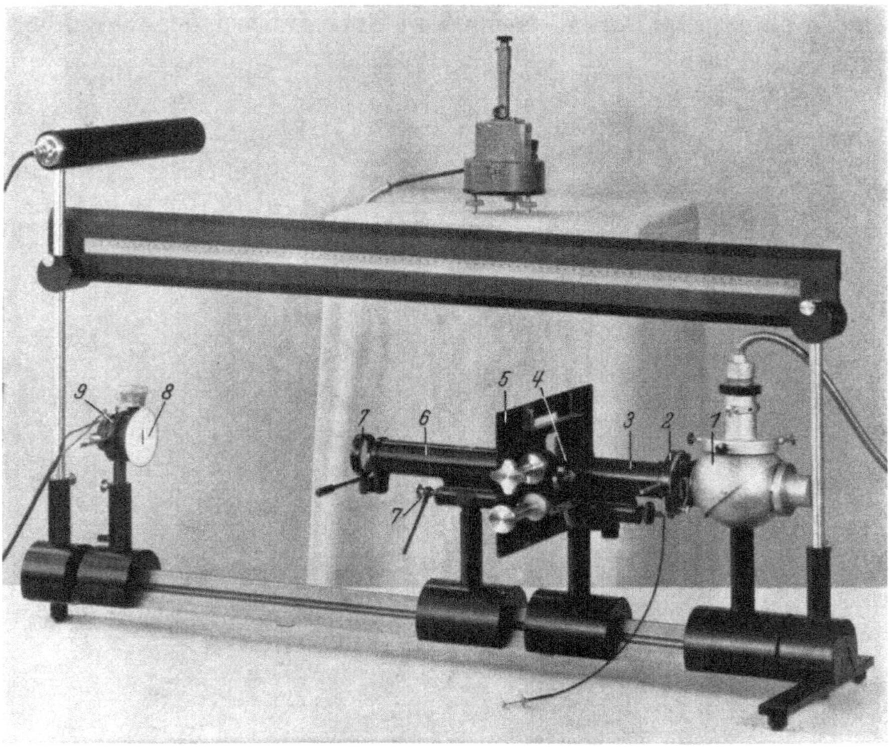

Abb. 39. Spektrallinienphotometer (Zeiß).

Logarithmus der Opazität als Schwärzung bezeichnet. Die Differenz der Schwärzung zweier Linien ist dann:

$$S_1 - S_2 = -\log \frac{J_{d_1}}{J_e} + \log \frac{J_{d_2}}{J_e} = \log \frac{J_{d_2}}{J_{d_1}} = \log \frac{T_2}{T_1} \,.$$

Da beim Photometrieren J_e stets gleichgehalten wird und da nur die Differenz der Schwärzungen interessiert, genügt es, das durchfallende Licht in einem beliebigen Maße zu messen.

Zu diesem Zwecke sind sog. Spektrallinienphotometer geeignet (Abb. 39). Diese bestehen aus einer Projektionseinrichtung, mit deren Hilfe ein Bild der betreffenden Linie auf dem Spalt *8* einer

Photozelle *9* entworfen wird. Der Ausschlag eines Galvanometers dient dann als Maß für die durchgelassene Lichtmenge J_d. Als Lichtquelle *1* wird eine Niedervolt-Punktlampe benutzt, die sich in einem Gehäuse befindet. Bei dem hier abgebildeten Spektrallinienphotometer tritt das Licht durch einen Kondensor auf einen Spalt *2*, der aus grünen Glasplatten gebildet wird, und durch einen photographischen Verschluß in einen Tubus *3*, der an seinem

Abb. 40. Schnellphotometer (Zeiss).

vorderen Ende das Beleuchtungsobjektiv *4* trägt. Der davorstehende Plattenhalter *5* ist so eingerichtet, daß jede Stelle der Platte vor das Objektiv gebracht werden kann. Ein zweites Objektiv entwirft nun durch den anschließenden Tubus *6*, der Einrichtungen zur genauen Einstellung *7* trägt, ein Bild von einem kleinen Ausschnitt des Spektrums auf eine weiße Scheibe in der Ebene des Spaltes der Photozelle. Es wird dann so eingestellt, daß die zu messende Linie über den Spalt *8* fällt. Bei anderen Instrumenten wird zur Messung der Intensität ein Thermoelement verwandt. In diesem Falle wird das durch den Spalt tretende Licht verkleinert auf das Bändchen eines Thermoelementes abgebildet. In beiden Fällen wird an einem Spiegelgalvanometer der Ausschlag mit Hilfe von Fernrohr und Skala oder mit einer Lichtzeigereinrichtung abgelesen.

Bei dem neuen Schnellphotometer von Zeiß (Abb. 40) liegt die Platte im Gesichtsfeld auf einem waagerechten Tisch *1*. Auch der Spalt (bei *2*) und darüber die Ablesevorrichtung *3* sind so angeordnet, daß sie besonders leicht übersehen werden können. Das Galvanometer ist in einem Gehäuse *4* direkt an der Rückseite des Apparates untergebracht. Die Bewegung seines Spiegels läßt das Bild einer Skala über eine feste Marke (bei *3*) gehen. Neben den nötigen Bewegungen in den beiden Richtungen der Tischebene ist noch ein besonderer Feintrieb mit Trommel zur Längenmessung *5* vorhanden, und es besteht die Möglichkeit die seitliche Verschiebung durch Anschläge zu begrenzen, so daß man, ohne Zeit durch Einstellen zu verlieren, zwei Analysenlinien in einer Reihe von Spektren rasch durchphotometrieren kann.

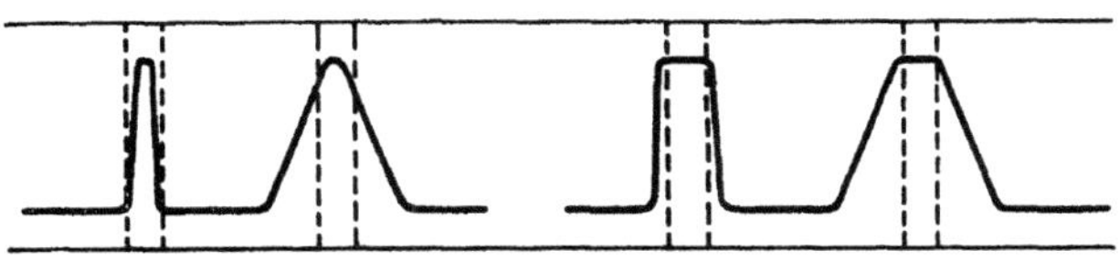

Abb. 41. Schematische Darstellung der Linienbreite und der Lage des Photometerspaltes.

Während man bei der qualitativen Spektralanalyse mit möglichst engem Spektrographenspalt arbeitet, um das Auflösungsvermögen zu vergrößern, treten bei Aufnahmen, die photometriert werden sollen, andere Gesichtspunkte in den Vordergrund. Beim Betrachten der Spektren kann man die Beobachtung machen, daß verschiedene Linien ein sehr verschiedenes Aussehen haben, manche sind sehr schmal und haben scharfe Grenzen, andere dagegen sind diffus. Wenn man die Schwärzung über der Linienbreite graphisch darstellt, so erhält man Bilder, wie sie Abb. 41 schematisch wiedergibt.

Die Breite hängt dabei von der Öffnung des Spektrographenspaltes ab (*11*). Öffnet man diesen etwas mehr, so verändert sich das Aussehen beider Linien, wie die Abbildung zeigt. Die Linien werden breiter, aber ihre maximale Schwärzung läßt sich durch Öffnen des Spaltes nicht erhöhen. Will man die Linien nun photometrieren, so muß das Verhältnis von Spektrographenspalt zum Photometerspalt so gewählt werden, daß nur der Teil gleichmäßiger Schwärzung zur Messung kommt; das ist im allgemeinen ein Drittel der scheinbaren Breite der Linie. Die richtige Lage des Photometerspaltes ist in der Abb. 41 zu erkennen. Auch bei diesen Aufnahmen ist darauf zu achten, daß man mit den Schwärzungen der Linien in dem linearen Bereich der Schwärzungskurven bleibt. Als wichtig ist noch zu erwähnen, daß das Bild der Linie auf dem Photometerspalt und dieser selbst genau parallel verlaufen. Weiter ist es auch bei der photometrischen Auswertung von Bedeutung, daß die Analysenlinien nicht zu weit voneinander entfernt sind, denn die Neigung der Schwärzungskurve ist nicht streng unabhängig von der Wellenlänge. Bei verschieden absoluten Schwärzungen wäre es sonst möglich, daß Veränderungen in den gegenseitigen Intensitätsverhältnissen entstehen.

Zur Übung photometriere man die homologen Linienpaare der vorhergehenden Aufgabe und vergleiche das Ergebnis mit der visuellen Beobachtung.

Einen Anhalt über die verschiedenen Handgriffe beim Photometrieren gibt folgende Zusammenstellung:

1. Eine viertel bis eine halbe Stunde vor dem Photometrieren wird die Projektionslampe, die von einer Akku-Batterie gespeist wird, eingeschaltet, damit sich ihre Helligkeit auf den konstanten Endwert einstellt. Die Spannung der Batterie wird dabei zweckmäßig nachgeprüft.

2. Die Platte wird mit der Schicht gegen die Photozelle in den Plattenhalter gebracht. Die zu photometrierenden Linien kann man zuvor durch Anritzen mit einem Stichel am einen Ende kenntlich machen.

3. Ist ein Vorspalt vorhanden, so wird dieser auf die Ebene des Spaltes der Photozelle scharf eingestellt. Dann wird die Linie direkt neben den Spalt für das Auge scharf abgebildet und Spalt und Linie parallel gestellt.

4. Der Lichtweg wird durch einen Verschluß versperrt, und die Nullstellung des Galvanometers bestimmt, evtl. korrigiert.

5. Der Verschluß wird geöffnet, das Licht neben der Linie fällt in den Spalt der Photozelle, nur durch den Schleier der Platte etwas geschwächt. Nun öffnet man den Spalt so weit, daß der Ausschlag nahezu das Ende der Skala erreicht, jedoch nie so weit, daß seine Öffnung breiter als ein Drittel der Breite der Linien ist.

6. Nun wird das Bild der Linie auf den Spalt der Photozelle gebracht und zwar unter Bedienung der Grob- und Feineinstellung in die Stellung, bei der der Ausschlag ein Minimum aufweist. Man versucht, ob man durch Verdrehen der Scharfeinstellung den Galvanometerausschlag noch verkleinern kann. Ist der Minimalaus-

schlag erreicht, so wird er abgelesen, und dann der Nullpunkt wie bei 4. nachgeprüft.

7. Die Schwärzungsdifferenz zweier Linien ist gleich dem Logarithmus des Quotienten der Galvanometerausschläge. Die Ausschläge sollen 0,3—0,01 des Endausschlages bei schleierfreier Platte betragen (*69*).

Aufgabe 14.

Dreilinienverfahren.

Apparate: Wie Aufgabe 10 und 11.

Proben: Bleilegierungen mit verschiedenem Bi-Gehalt.

Hilfsmittel: Scheibe: Chemische Spektralanalyse.

Aufgabe: Auswertung von Analysen nach dem Dreilinienverfahren.

Da es in vielen Fällen wünschenswert ist, bei der Analyse die okulare Interpolation durch eine exakte Messung zu ersetzen, gingen die Versuche dahin, eine Analysenmethode auf dem Vergleich von Linien verschiedener Schwärzung aufzubauen und die Differenz der Schwärzungen je einer Linie des Grund- und des Zusatzstoffes mit der Konzentration in Beziehung zu bringen. Ein solches Verfahren ist vor allem dann sehr nützlich, wenn es sich darum handelt, eine große Reihe von Proben zu untersuchen, die sich in ihrer Zusammensetzung nur wenig unterscheiden, wie dies bei den Analysen zur Betriebskontrolle häufig der Fall ist. Es ist bei der Ausführung eines solchen Verfahrens natürlich notwendig, daß die Entladungsbedingungen genau festgelegt werden, da die Schwärzungsdifferenz zweier Linien unter Umständen sehr stark von diesen abhängig ist.

Wir wollen zunächst das „Dreilinienverfahren" von Scheibe und Schnettler besprechen. Es werden hier die Entladungsbedingungen durch Aufstellung eines Fixierungspaares wie in Aufgabe 11 und 12 festgelegt. Das Prinzip des Verfahrens soll gleich an einem praktischen Beispiel erklärt werden.

Zur Analyse von Wismut in Blei kennen wir folgende homologen Linienpaare:

Fixierungspaar Pb^{+} 2562,4 = Pb 2657,2,

Bi-Linie 3024,6 = Pb-Linie 3220,5 bei 1,05 At% Bi,

Bi-Linie 3024,6 = Pb-Linie 3240,2 bei 0,45 At% Bi.

Nehmen wir nun das Spektrum einer Legierung auf, deren Gehalt zwischen 1,05 und 0,45 At-% Bi in Pb liegt, so wird die Schwärzung der Bi-Linie 3024,6 zwischen denjenigen der Pb-Linien 3220,5 und 3240,2 liegen. Wir haben somit durch die beiden Fixierungslinien 3220,5 und 3240,2 die Teste der Schwärzung, welche die Bi-Linie 3024,6 bei den Konzentrationen 1,05 und 0,45 At-% hätte und die Schwärzung, die der gesuchten Konzentration entspricht. Alle drei Linien werden nun photometriert. Sie müssen sich im linearen Teil der Schwärzungskurve befinden (*69*), $S = 0,5$ bis $S = 2$; d. h. der Logarithmus des Endausschlages bei schleierfreier Platte soll um 0,5—2 größer sein als der des gemessenen Ausschlages oder der gemessene Ausschlag soll $^1/_3$—$^1/_{100}$ des Endausschlages sein. Die untere Grenze ist wegen der Unsicherheit der Ablesung nicht anzustreben.

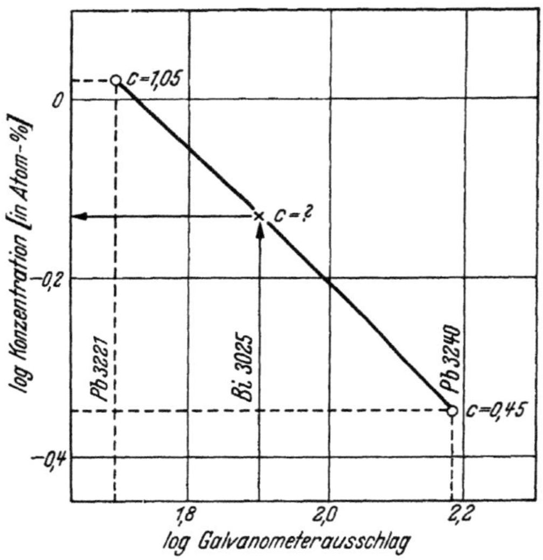

Abb. 42. Dreilinienverfahren.

Nimmt man nun an, daß die Intensität des Lichtes einer Linie proportional der Konzentration des Elementes ist, und daß die Schwärzungskurve tatsächlich linear verläuft, so kann man die gesuchte Konzentration durch graphische Interpolation erhalten. Man zeichnet in ein Koordinatensystem als Abszissen die Schwärzungen der beiden Testlinien bzw. die Logarithmen der Galvanometerausschläge ein und als Ordinaten die Logarithmen der Konzentrationen. Die beiden Punkte werden durch eine Gerade verbunden und der Punkt darauf markiert, der der Schwärzung der Bi-Linie 3024,6 zukommt. Der hierzu gehörende Ordinatenwert ist die gesuchte Konzentration. Man kann sich das Zeichnen der graphischen Darstellungen von Konzentrations-Schwärzungskurve dadurch erleichtern, daß man doppelt logarithmisches Koordinatenpapier verwendet. In der Abb. 42 ist ein Beispiel für eine Konzentrationsbestimmung nach der Dreilinienmethode gegeben.

Da die homologen Linienpaare zur Analyse ohne Verwendung eines Photometers dienen sollen, so ist die Fehlergrenze der Konzentrationsangaben oft größer, als es für die Anwendung des Dreilinienverfahrens wünschenswert ist. Man geht deshalb am besten so vor, daß man sich einige Testlegierungen herstellt, die in der Nähe der aus den Tabellen der homologen Paare entnommenen Konzentrationen liegen. In den Spektren dieser Legierungen werden die Linien, welche homolog sein sollen, photometriert. Es wird selten vorkommen, daß man dabei eine Probe findet, bei der die Linien auch im Photometer ganz exakt gleich sind. Man berechnet sich deshalb für jede Konzentration das Verhältnis der Galvanometerausschläge der beiden Linien, trägt den Logarithmus des Verhältnisses der Galvanometerausschläge gegen den Logarithmus der Konzentration auf. Man erhält daraus durch graphische Interpolation die gesuchte Konzentration als den Schnittpunkt der Verbindungslinie der Punkte mit der Abszisse $\log T_1/T_2 = 0$ (Abb. 43).

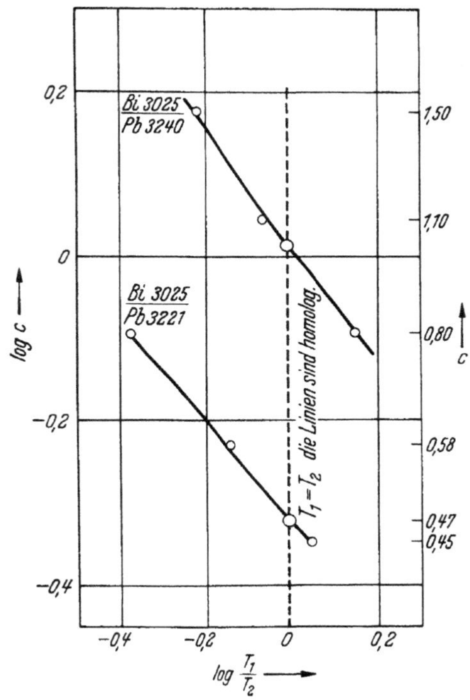

Abb. 43. Bestimmung homologer Paare mit dem Photometer.

Dieses Verfahren ist auch dann von Wichtigkeit, wenn der zur Verfügung stehende Funkenerzeuger keine kontinuierlich regelbare Selbstinduktion besitzt. Es ist in diesem Falle nicht möglich, die Entladungsbedingungen ganz exakt auf Gleichheit des Fixierungspaares abzustimmen, wodurch auch Änderungen in dem Konzentrationswert der homologen Paare eintreten können. In dem angeführten Beispiel, das Abb. 43 wiedergibt, wurde ein Feussner-Funkenerzeuger verwendet mit L = 0,00015 H und C = 1086 cm. Es werden die Konzentrationen aufgesucht, bei denen die Paare Bi 3024,6 : Pb 3220,5 und Bi 3024,6 : Pb 3240,2 homolog sind. Dazu werden Legierungen von 1,5; 1,1; 0,8; 0,58 und 0,45 At-% Wismut in Blei hergestellt, die Spektren aufgenommen und photometriert. Alles weitere ist aus dem Bilde zu ersehen.

Weitere Beispiele aus dem Buche von W. Gerlach und E. Schweitzer:

I. Cadmium in Zinn, Fixierungspaar: Sn+ 3352,3 = Sn 3330,6

Cd 3403,7 = Sn 3330,6	bei 10 At-% Cd
Cd 3403,7 = Sn 3655,9	„ 2 „ „
Cd 3403,7 = Sn 3141,8	„ 1,5 „ „
Cd 3403,7 = Sn 3218,7	„ 0,5 „ „

II. Zinn in Blei, Fixierungspaar, Pb+ 2562,4 = Pb 2657,2

Sn 2421,7 = Pb 2411,8	bei 5 At-% Sn
Sn 2421,7 = Pb 2388,8	„ 0,6 „ „

Ein Beispiel von G. SCHEIBE:

III. Silizium in Eisen, Fixierungspaar, Fe+ 2517,2 = Fe 2518,1

Si 2516,1 = Fe 2496,5	bei 0,15 Gew.-% Si
Si 2516,1 = Fe 2518,1	„ 0,42 „ „
Si 2516,1 = Fe 2501,1	„ 0,90 „ „

Die beiden ersten Beispiele sind wegen der leichten Herstellbarkeit der Proben im Laboratorium angeführt, das dritte wird mehr den Praktiker interessieren. Weitere Beispiele können, wie diese, aus den Tabellen von GERLACH und SCHWEITZER, GERLACH und GERLACH und von HENRICI und SCHEIBE entnommen werden. Man tut gut, die Konzentrationsspanne, über die interpoliert wird, nicht weiter als eine Zehnerpotenz zu wählen.

Eine Erweiterung der Methode führt zum Zweilinienverfahren[1]. Bei der Aufnahme wird hierzu die eine Hälfte des Spaltes durch ein Graufilter verdeckt. Als Fixpunkte dienen die Konzentrationen bei denen die Analysenlinie des Zusatzes mit der Vergleichslinie im Grundmetall einmal im ungeschwächten zum anderen im geschwächten Teil des Spektrums intensitätsgleich ist.

Aufgabe 15.

Analyse durch Schwärzungsvergleich.

Apparate: Quarzspektrograph, Funkenerzeuger mit konstanten Entladungsbedingungen. Funkenstativ. Spektrallinienphotometer.

Proben: Legierungen von Aluminium mit 0,1—4 Gew.-% Magnesium. Zinn mit 0,1—10 At-% Blei.

Aufgabe: Aufstellung einer Analysenkurve durch Ausmessen des Intensitätsverhältnisses der Linien Al 2652,5 und Mg 2852,1. Bestimmung von Legierungen unbekannter Zusammensetzung.

Während die Methode der homologen Linienpaare und das Dreilinienverfahren die Kontrolle der Entladungsbedingungen in der Aufnahme selbst durch das Fixierungspaar vornehmen, wird ihre Konstanz in der folgenden Methode durch die Anordnung der

[1] SCHEIBE, G. und A. SCHÖNTAG: Arch. Eisenhüttenw. Bd. 8 (1934/35) S. 533.

elektrischen Einrichtung zu erreichen gesucht. Wir haben früher gesehen, wie der Charakter eines Spektrums von Kapazität und Selbstinduktion abhängt, d.h., von der beim Funkenübergang erreichten kinetischen Temperatur. Diese Bedingungen lassen sich mit den Funkenerzeugern, wie sie auf S. 64 beschrieben sind, genügend konstant halten. Diese Anordnungen gewährleisten eine für die Analyse ausreichende Reproduzierbarkeit der Entladungsbedingungen und haben gleichzeitig den Vorteil, daß eine bedeutend geringere Erwärmung der Elektroden eintritt, als bei der gewöhnlichen Entladung. Vermieden wird dadurch eine schädliche, zu starke Untergrundschwärzung.

Beim Funkenerzeuger nach FEUSSNER ist darauf zu achten, daß die Elektrodenstifte des rotierenden Unterbrechers stets auf den vorgeschriebenen Abstand eingestellt sind. Bei der Resonanzschaltung beobachtet man die Stromstärke und das Geräusch des Funkens. Eine exakte Prüfung des Funkenüberganges erfolgt mit dem Taumelspiegel[1] oder dem Oszillographen[2].

Man verläßt sich bei dem nachfolgenden Verfahren auf die Konstanz der Entladungsbedingungen des Funkenerzeugers und benutzt die Tatsache, daß die Differenz der Schwärzung je einer Linie des Grund- und Zusatzmetalles beim Einhalten bestimmter Bedingungen sich linear mit der Konzentration verändert, als Grundlage für die Analyse.

Das Dreilinienverfahren von SCHEIBE und SCHNETTLER ist bereits als ein Verfahren anzusprechen, in welchem die Analyse durch Intensitätsvergleich auf dieser Grundlage erfolgt. Durch die besprochene Anordnung wird dabei erreicht, daß in *einem* Spektrum die Analysenlinien und zwei Intensitätsmarken aufgenommen werden. In dem jetzt zu besprechenden Verfahren wird auf diesen Vorteil verzichtet. Es ist dies in manchen Fällen deshalb notwendig, weil in dem gewünschten Konzentrationsbereich keine homologen Linienpaare mit einer gemeinsamen Analysenlinie aufzufinden sind. Man geht in dem Falle so vor, daß man sich eine Reihe von Testlegierungen in dem Konzentrationsintervall, in dem die zu analysierenden Proben vorliegen, herstellt und alle zusammen unter gleichen Entladungsbedingungen, gleicher Spaltbreite und gleicher Belichtungszeit auf eine Platte aufnimmt. Es wird nun je eine Linie der Grund- und der Zusatzsubstanz ausgesucht, die nicht weit voneinander entfernt liegen und ähnliche Schwärzungen aufweisen. Diese werden in jedem Spektrum photometriert, und das

---

[1] SCHÖNTAG, A.: Diss. München 1936.
[2] KAISER, H. und A. WALLRAFF: Z. Physik Bd. 112 (1939) S. 215.

Verhältnis der Galvanometerausschläge berechnet. In ein Koordinatensystem trägt man nun die Logarithmen der Konzentrationen der Testlegierungen gegen die Logarithmen der Transparenzverhältnisse auf (Abb. 44). Man erhält eine gerade Linie. Diese Geradlinigkeit ist nur empirisch. Eine Gerade wäre theoretisch nur zu erwarten, wenn 1. die Lichtintensität einer Linie proportional der Konzentration des Elementes in der Elektrode wäre, 2. die Lichtintensitäten in der Dampfwolke selbst auf ihrem Wege zur Platte die gleiche prozentische Schwächung erführen und 3. die Schwärzungskurve streng geradlinig verliefe (*54*). Tatsächlich sind diese Bedingungen nur annähernd erfüllt. Die gefährlichsten Fehler entstehen durch die schon erwähnte Selbstumkehr (*67*). Auch muß man beachten, daß Blenden, die am Objektiv angebracht sind, Linien, die an den Seiten der Platte abgebildet werden, stärker beeinflussen als solche, die in die Plattenmitte fallen. Einfacher noch ist, das Transparenzverhältnis gegen die Konzentration auf doppeltlogarithmischem Papier aufzutragen, wie in Abb. 44 geschehen. Die unbekannten Konzentrationen werden aus den gemessenen Transparenzverhältnissen graphisch ermittelt.

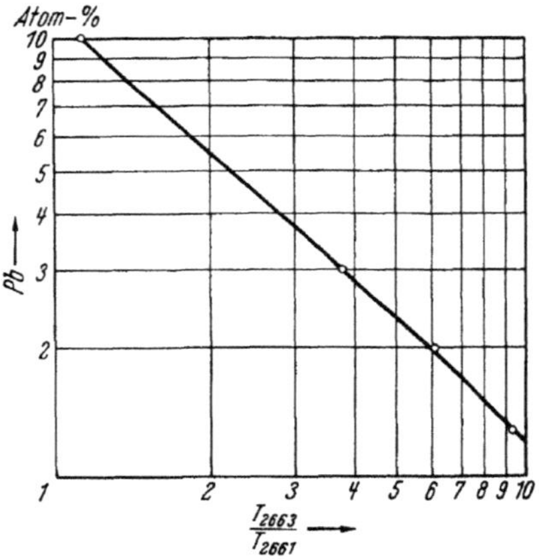

Abb. 44. Quantitative Analyse mit dem Photometer.

Als Übungsbeispiel kann man Metallpaare verwenden, die wir bereits bei den vorangehenden Analysenmethoden benutzt haben, z. B. Zinn und Blei. Es werden zunächst Legierungen von 0,1 bis 10 At-% Blei in Zinn hergestellt, deren Konzentration man durch chemische Analyse kontrolliert, ferner einige, deren Konzentrationen nicht genau bekannt sind. Beim Zusammenschmelzen ist darauf zu achten, daß die Legierungen homogen werden, das soll heißen, daß vollkommener Konzentrationsausgleich stattgefunden hat. Man stellt sich nun eine Reihe von Aufnahmen gleicher Belichtungszeit der Legierungen auf einer Platte her und photometriert die Linienpaare Pb 2663,2 : Sn 2661,3 oder Pb 2873,3 : Sn 2762. In einer graphischen Darstellung werden die Konzentrationen und die Verhältnisse der Galvanometerausschläge, wie beschrieben, aufgetragen. Als Kontrolle für richtiges Arbeiten hat man die Eigenschaften der Linienpaare als homologe Paare bei 10 bzw. 0,6 At-%. Es müssen die Analysenlinien den Abszissenwert $T_1/T_2 = 1$ bei diesen Konzentrationen schneiden. Dies ist in Abb. 44 annähernd der Fall. Das Linienpaar Pb 2614,2 : Sn 2594,4 wäre seiner nachbarlichen Lage nach ebenfalls geeignet, doch ist es nicht so invariant wie die beiden angeführten. Sehr häufig wird diese Methode zur Analyse von Leichtmetall-Legierungen angewendet. Wir wollen deshalb als weiteres Beispiel die Analyse von Magnesium in Aluminium geben.

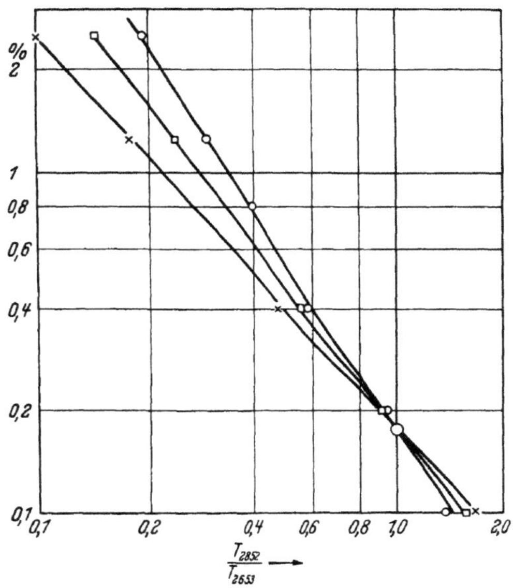

Abb. 45. Einfluß äußerer Faktoren auf die Lage der Analysenlinien bei der Analyse von Mg in Al.

Man stellt sich eine Reihe von Testlegierungen mit einem Gehalt von 0,1 bis 2,0 Gew.-% Mg her, die man zusammen mit Proben unbekannten Mg-Gehaltes auf eine Platte aufnimmt. Dann werden die Linien Al 2652,5 und Mg 2852,1, oder auch Al 2816 und Mg 2791 photometriert und wie beim vorigen Beispiel aufgetragen und die Analysengerade ausgezogen. Bei Verwendung des ersten Linienpaares schneidet diese die Abszisse 1 bei der Konzentration 0,18% Mg. Das heißt, bei dieser Konzentration sind beide Linien gleich geschwärzt, wir haben ein homologes Linienpaar. Da die Steilheit der Schwärzungskurve von der Entwicklungsart- und Dauer abhängt, so verändert sich auch die Steilheit der Analysengeraden mit diesen Faktoren. Da die Lage des homologen Paares erhalten bleiben muß, so dreht sich die Kurve um diesen Punkt. Die steileren Kurven (Abb. 45) erhält man bei langer Belichtung und kurzer Entwicklung, die flacheren im umgekehrten Fall.

Das beschriebene Verfahren wird sich in dieser Art nur empfehlen, wenn man einige wenige Proben zu analysieren hat. Bei Betriebsanalysen, wo serienmäßig große Mengen von gleichartigen Legierungen untersucht werden müssen, wird man nicht zu jeder Platte eine Analysengerade aufstellen wollen, sondern man versucht, stets die gleiche zu verwenden. Dies kann man erreichen, solange man Platten derselben Sorte und, wenn möglich, gleicher

Emulsionsnummer verwendet, Elektrodenform und Belichtungszeit stets gleich macht und schließlich unter stets genau den gleichen Bedingungen entwickelt. Es wird dazu für jede Platte frischer Entwickler gemischt, in welchem die Platte vier Minuten bei 18,0° entwickelt wird. In einem Thermostaten werden hierzu die Entwicklerlösung und das zum Verdünnen nötige Wasser vor dem Vermischen auf die richtige Temperatur gebracht. Wenn die Temperatur der Dunkelkammer nicht wesentlich von 18° abweicht, so kann man mit dem temperierten Entwickler in einer Schale wie üblich entwickeln. Ist dies nicht der Fall, so benutzt man eine tiefe Schale, die ins Thermostatenwasser eintaucht. Für die gleichartige Bewegung der Schale kann man eine mechanische Vorrichtung verwenden. Beim Einhalten dieser Maßregeln wird man reproduzierbare Resultate erhalten. Es ist natürlich trotzdem erforderlich, auf jede Platte einige bekannte Testlegierungen zur Kontrolle mit aufzunehmen.

Das hier beschriebene Verfahren hat vielfach Eingang in die Industrielaboratorien gefunden und hat sich bei der Serienanalyse gut bewährt, wobei leicht etwa 20—80 Aufnahmen pro Tag mit einer Apparatur bewältigt werden, in denen unter Umständen je eine Anzahl von Elementen bestimmt werden. Man muß sich jedoch stets vor Augen halten, daß schon das Übersehen scheinbar unbeachtlicher Änderungen in irgendeiner der vielen Handhabungen zu Fehlern führen kann.

Zur weiteren Übung werden noch einige Beispiele für quantitative Bestimmungen angegeben:

Grundmetall		Zusatz		Bereich
Al	3082,2	**Cu**	3242,5	0,1—0,5% [1]
Al	2652,5	**Si**	2516,1	1,5 % [2]
	3050,1		2881,6	0,2—2%
Al	2816,2	**Mn**	2949,2	0,2—2% [1]
	3050,1		2949,2	1,5% [2]
Al	3082,2	**Ti**	3349,4	0,2% [1]
Fe	2496,5	**Si**	2516,1	0,1—0,8% [3]
	2872,3		2881,6	0,4—1,5% [3]
	2502,4		2516,1	1,5—5 % [3]
Fe	3062,2	**Mn**	2933,1	0,3—1,5% [3]
Fe	3099,3	**Ni**	3414,8	0,2—1 % [3]
	3083,7		3101,6/9	1—5 % [3]
Fe	2632,2	**Cr**	2677,2	0,2—0,8% [3]
	2828,8		2830,5	0,8—3 % [3]

[1] Zeiss, Anleitungen, Meß 266/III.

[2] A. Lay u. A. Keil, Aluminium **19** (1937) 749.

[3] O. Schlieessmann u. K. Zänker, Archiv f. Eisenhüttenwesen **10** 1936/37 383.

Grundmetall	Zusatz	Bereich
Pb 2332,5	**Sb** 2311,5	0,2—6 % [1]
Pb 2411,7	**Sn** 2421,7	0,5—15 % [2]

Im übrigen soll auf Analysenvorschriften verzichtet werden, da das geübte Spektralanalytiker in der Lage sein soll, sich diese selbst auszuarbeiten[3].

Aufgabe 16.

Quantitative Spektralanalyse mit dem visuellen Spektralphotometer.

Apparate: Funkenerzeuger, Funkenstativ, Glaslinse, Spektralapparat mit visuellem Spektralphotometer nach G. SCHEIBE[4].

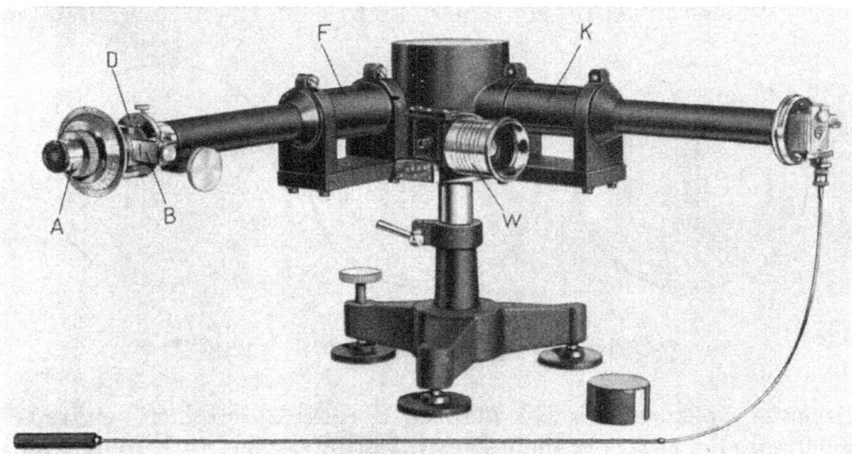

Abb. 46. Festarmiger Spektralapparat für direkte visuelle Messung (FUESS).

Proben: Eisenlegierungen mit Zusatz von Ni, Mn, Cr wie bei Aufgabe 10 oder Blei mit Zusatz von 0,05—0,8% Cd.

Da die Aufnahme eines Spektrums auf eine photographische Platte und deren Auswertung im sichtbaren Spektralgebiet einen Umweg bedeutet, hat G. SCHEIBE einen Spektralapparat konstruiert[4],

---

[1] BALZ, G., Metallwirtschaft **18** (1939) 937.

[2] ZEISS, Anleitungen Meß 266/III.

[3] Eine Reihe von Verfahren technisch wichtiger Analysen sind von der Firma Carl Zeiß, Jena ausgearbeitet und als „Arbeitsvorschriften" herausgegeben.

[4] Hersteller R. FUESS, Berlin-Steglitz, Spektralapparat 85 b.

dessen Betrachtungsfernrohr so ausgebildet ist, daß es den Intensitätsvergleich zweier Linien erlaubt.

Es wird dazu ein Spektralapparat mit festen Armen, d. h. mit unbeweglichen Spaltrohr (*K*) und Fernrohr (*F*) benutzt (Abb. 46). der je nach seiner Dispersion mit einem oder zwei Glasprismen ausgerüstet ist. Die Prismen sind beweglich angeordnet, so daß jeder Spektralbereich ins Gesichtsfeld, und jede beliebige Linie mit dem Schnittpunkt eines Fadenkreuzes zur Deckung gebracht werden kann. Die Spindel, die zur Bewegung der Prismen dient, trägt eine Skala (*W*), auf der die Wellenlänge der im Fadenkreuz liegenden Linie direkt abgelesen werden kann.

Zur quantitativen Analyse wird nun das gewöhnliche Beobachtungsfernrohr des Spektralapparates gegen ein Spektralphotometer vertauscht. Dieses besteht aus einem Fernrohr, in dem mit Hilfe einer Wollastonplatte von *einer* Lichtquelle zwei übereinander

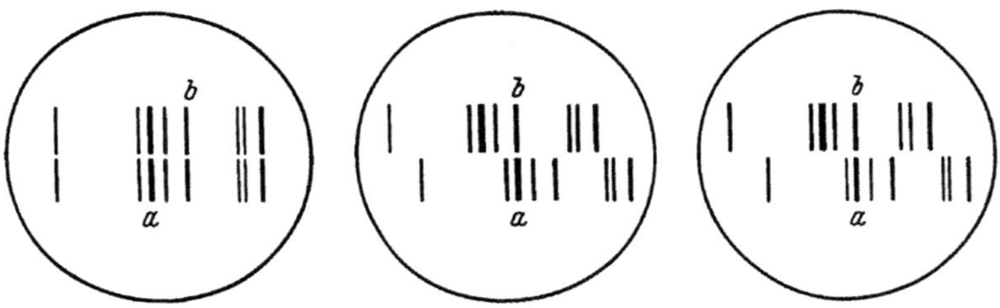

a b c

Abb. 47. Einstellung des visuellen Spektralphotometers (FUESS).

liegende Spektren erzeugt werden, deren Lichtstrahlen senkrecht zueinander polarisiert sind. Durch Verkürzen des Spektrographenspaltes kann man die Linien so verkürzen, daß ihre Enden in beiden Spektren sich eben berühren (Abb. 47a). Um nun zwei Linien *a* und *b* miteinander vergleichen zu können, werden die Spektren seitlich gegeneinander verschoben, bis sie untereinander zu liegen kommen (Abb. 47b). Es geschieht dies durch Drehen des Fernrohrkopfes (*D*), der die Wollastonplatte als Polarisator und einen Nikol als Analysator enthält. Nachdem durch eine Gesichtsfeldblende (*B*) (Abb. 46) die beiden Linien ausgeblendet sind, wird der Analysator (*A*) solange allein gedreht, bis beide Linien gleich hell erscheinen (Abb. 47c). Für verschieden konzentrierte Legierungen wird die Stellung des Analysators abgelesen und in einer graphischen Darstellung gegen die Konzentration aufgetragen. Die Verbindungslinie der erhaltenen Punkte dient als Analysenkurve.

Der Vorteil dieses Verfahrens besteht in der Zeitersparnis. Es läßt sich nur da anwenden, wo im sichtbaren Gebiet nahe beieinander liegende Linien von den zu analysierenden Stoffen aufzufinden sind, da einerseits die Apparatur nur eine kleine Verschiebung der Spektren erlaubt und andererseits nur Linien verglichen werden können, die für das Auge annähernd gleiche Farben haben. Es kommen deshalb hauptsächlich Elemente mit linienreichen Spektren in Frage.

Als Versuchsbeispiele können wir unsere Eisenproben mit Chrom-, Nickel- und Manganzusatz von Aufgabe 10 verwenden. Nach SCHEIBE und LIMMER[1] sind folgende Linien zum Vergleich geeignet.

Cr 5345,8 und Fe 5324,2 Funke
Cr 5206,0 und Fe 5227,2 Funke und Bogen
Mn 4823,5 und Fe 4859,8 Funke
Ni 5476,9 und Fe 5455,6 Funke.

Für den Anfänger ist es zunächst schwer, in den linienreichen Spektren die richtigen Linien zu erkennen. Man geht am besten so vor, daß man sich zuerst das Spektrum des reinen Eisens betrachtet und mit Hilfe der Teilung der Trommel und durch Vergleich mit der Aufnahme eines Eisenspektrums (*55*), in dem die Linien markiert sind, die Eisenlinie, die verglichen werden soll, festlegt und sich ihre Umgebung einprägt. Dann stellt man das Fadenkreuz auf die Stelle, wo die Linie des Zusatzes erwartet wird, und funkt die Analysenprobe an. Zur Anregung verwendet man einen Funkenerzeuger und bildet den Funken mit einer Glaslinse auf dem Spektrographenspalt unscharf ab. Dieser wird zum Vergleich der Linien so weit geöffnet, daß die Linien flächenhaft erscheinen (ohne sich jedoch mit anderen zu überdecken).

Stehen die Eisenproben nicht zur Verfügung, so lassen sich in Legierungen von 0,05—0,8% Cd in Blei die Linien Pb 5201,5 und Cd 5085,8 vergleichen. (Einatmen von Bleidämpfen vermeiden!)

Aufgabe 17.

Herstellen von Testlegierungen.

Da die Zuverlässigkeit aller quantitativen Spektralanalysen ganz von der Güte der verwendeten Testlegierungen abhängt, ist bei ihrer Herstellung große Sorgfalt nötig, und es erscheint angezeigt, an dieser Stelle einige Richtlinien zu geben.

---

[1] Metallwirtsch. Bd. 11 (1932) S. 109.

Bei der Durchführung eines Übungspraktikums wird es sich empfehlen, die ersten Proben, die zur quantitativen Analyse notwendig sind, fertig vorrätig zu halten. Der Chemiker im Industrielaboratorium kann sich die Teste oft aus vorhandenem Material entnehmen, das nur noch analysiert zu werden braucht. Aus diesen Gründen erschien es angängig, diesen Abschnitt hinter die Aufgaben der quantitativen Analysenverfahren zu legen, besonders da es dadurch möglich wird, das Thema zusammenfassend zu besprechen.

Wenn man Testlegierungen mit zufriedenstellenden Eigenschaften sich verschaffen will, muß man dreierlei beachten: 1. ihre Herstellung, 2. ihre Prüfung und 3. ihre Vorbehandlung vor der Aufnahme.

Bei der Herstellung von Legierungen bestimmter Zusammensetzung (*76*) treten in vielen Fällen beim Zusammenschmelzen dadurch Verluste ein, daß der eine Legierungspartner zur Oxydation neigt oder infolge seines höheren Dampfdruckes verdampft. Am stärksten treten diese Störungen auf, wenn der Zusatzstoff einen niedrigeren Schmelz- und Siedepunkt hat als der Grundstoff. Wo es möglich ist, fährt man am besten, wenn man die Substanzen in ein Rohr aus geeignetem Material füllt, dieses evakuiert und abschmilzt. Es ist dabei zu beachten, daß das Rohrmaterial und Metall nicht miteinander reagieren dürfen, wodurch in bestimmten Fällen die Wahl schwer werden kann. Das Volumen des Rohres wählt man möglichst klein, damit kein großer Dampfraum vorhanden ist und sorgt dafür, daß das ganze Rohr auf die Schmelztemperatur des am höchsten schmelzenden Partners gebracht wird, damit sich nicht an kühleren Stellen wieder etwas aus dem Dampfe niederschlagen kann.

So lassen sich z.B. Sn-Pb-Legierungen in einem evakuierten Glasrohr herstellen. Es ist dabei zu achten, daß man den Metallen anhaftendes Oxyd vor dem Einwägen entfernt. Dies kann durch Abkratzen geschehen. Besser verfährt man so, daß man eine ausreichende Menge des Metalls in ein evakuiertes Rohr, das in der Mitte eine Verengung hat, bringt. In dem einen Teil, den man nach unten hält, wird das Metall aufgeschmolzen und dann in den anderen Teil durch langsames Kippen des Rohres überfließen lassen. Das Oxyd bleibt dabei zurück. Das Verfahren eignet sich natürlich nur für niedrig schmelzende Metalle, die das Glas nicht angreifen. Es ist von Vorteil, wenn man sich zuerst eine Vorlegierung von 10% herstellt und die niedrigeren Konzentrationen durch Verdünnen gewinnt.

Die Al-Mg-Legierungen schmilzt man ebenfalls am besten unter Verwendung einer konzentrierteren (10%) Vorlegierung mit reinem

Al in einem Tiegel unter einer Salzschmelze (50% LiCl, 50% KCl oder 50% $MgCl_2$, 25% NaCl, 25% KCl) zusammen und bringt sie in einer Eisenkokille möglichst rasch zum Erstarren. Bei einiger Übung wird man keine merklichen Verluste durch Abbrand haben. Das gleiche Verfahren läßt sich auch für die übrigen Aluminium- und Magnesiumlegierungen anwenden. Höher schmelzende Legierungen werden in Tammannöfen oder Induktionsöfen hergestellt. Es würde jedoch hier zu weit führen, diese Verfahren im einzelnen zu besprechen.

Es wurde schon betont, daß Testlegierungen am geeignetsten sind, wenn sie im Gebiet homogener Phasen bzw. Mischkristallphasen liegen. Hieraus ergibt sich insofern eine Schwierigkeit, als ein Mischkristall nur in besonderen Fällen mit über den ganzen Regulus gleicher Konzentration erstarrt, während häufig die Konzentration sich während des Erstarrens stetig ändert. Gleichmäßige

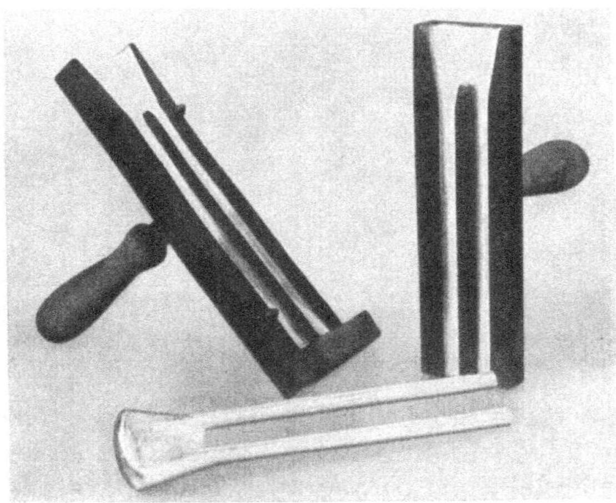

Abb. 48. Gußform nach v. ZEERLEDER.

Konzentration erhält man nur entweder bei raschem Abschrecken oder bei langem Tempern unterhalb des Schmelzpunktes. Das α-Mischkristallgebiet ist ferner oft bei Zimmertemperatur sehr eng begrenzt und erstreckt sich nur bei höherer Temperatur über ein größeres Konzentrationsgebiet. Eine Legierung von 10% Mg in Al z. B. wird man deshalb zunächst oberhalb 390° erstarren lassen, um sie dann möglichst rasch auf Raumtemperatur abzuschrecken.

Am besten werden die erschmolzenen Proben in eine Form gegossen, die schon die äußeren Umrisse der Elektroden ergibt, so daß noch die Endflächen bearbeitet werden müssen. Bei reinen

Metallen oder Legierungen, die nicht zur Seigerung neigen, kann man eine Gußform nach Abb. 48 verwenden. Bei vielen Legierungen ist darauf zu achten, daß nicht etwa die ersten erstarrten Kristalle in der Form zu Boden sinken, und so eine Konzentrationsverschiebung (Seigerung) längs des Stabes hervorrufen. Dies läßt sich vermeiden, wenn die Stäbe liegend gegossen werden[1]. Hierzu haben G. LUEG und F. WOLBANK eine Kokille beschrieben, die Abb. 49 zeigt. Während der Eingußtrichter aus schlecht wärmeleitendem Guß besteht, ist der die Form einschließende Teil aus Kupfer, so daß der Guß rasch erstarrt, ohne daß Seigerungen auftreten können.

Nach der Herstellung der Proben erfolgt ihre Prüfung. Aus jeder Testlegierung werden dazu einige Elektroden geschnitten,

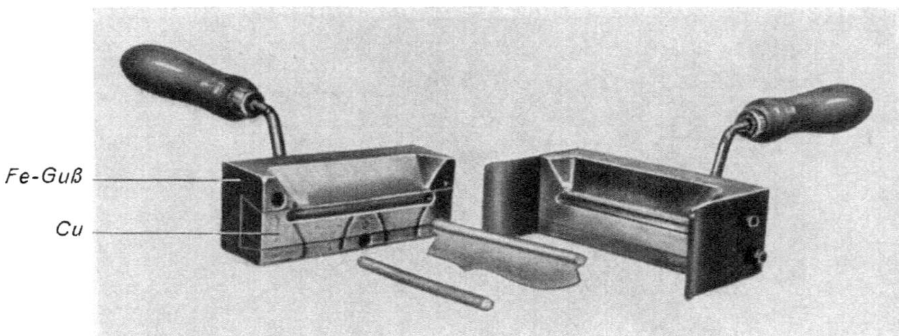

Abb. 49. Kokille für den Guß liegender Stäbe. (LUEG und WOLBANK.) Bauart Metallgesellschaft A.-G. Frankfurt, Schutzrecht angemeldet.

wobei man diese möglichst aus dem Innern größerer Gußstücke entnimmt. Jede Elektrode wird gegen eine spektralreine Silber- oder Kupferelektrode oder je zwei Elektroden aus der Legierung gegeneinander mit streng gleicher Belichtungszeit aufgenommen. In jedem Spektrum werden nun die Analysenlinien photometriert. Ist das Verhältnis der Transparenzen konstant, so ist die Legierung gleichmäßig erstarrt und chemisch homogen. Man tut gut, nach dieser Feststellung die Legierung, etwa die nach der Herstellung der Elektroden übrigen Stückchen, chemisch sorgfältig zu analysieren, denn die Kenntnis der tatsächlichen und homogenen Zusammensetzung der Legierung bildet die Grundlage für die zu erreichende Genauigkeit der späteren Analysen.

Auch nach diesen Prüfungen ist man noch nicht ganz sicher, stets brauchbare Teste zu haben, da in manchen Legierungen bei

[1] LUEG, G. und F. WOLBANK: Metallwirtsch Bd. 18 (1939).

Zimmertemperatur langsam Ausscheidungen eintreten, die unter Umständen zu einer Veränderung des Intensitätsverhältnisses der Analysenlinien führen. Die Proben können vor der Aufnahme durch Tempern und Abschrecken homogenisiert werden. Auch durch Aufsuchen geeigneter Entladungsbedingungen kann man zu brauchbaren Analysen gelangen.

Auch Zusätze dritter Stoffe können das Intensitätsverhältnis ändern[1]. Diese Erfahrung machte man bei folgenden Beispielen. Si in Stahl oder Hartguß[2]; Mg in Aluminiumlegierungen bei Anwesenheit von Si[5] oder Zn[3]; As und Sn in Bleilegierungen bei Anwesenheit von Sb[3,4] oder Sb in Bleilegierungen bei Anwesenheit von Sn[4]. Will man in Legierungen mehrerer Metalle eine Komponente analysieren, so ist es in manchen Fällen notwendig, den Testlegierungen außer dem Grundstoff und dem zu analysierenden, auch die übrigen Komponenten zuzusetzen.

Eine weitere Art der Vorbehandlung ist das bereits (*73*) erwähnte „Vorfunken". Es besteht darin, daß man die Elektroden direkt vor der eigentlichen Aufnahme $1/2$—5 Minuten dem Funkenübergang aussetzt, da erst dann ein konstantes Intensitätsverhältnis der Analysenlinien eintritt[5]. Bei den hier in den Aufgaben 10—13 gegebenen Beispielen ist ein Vorfunken nicht erforderlich. Bei anderen Beispielen oder anderer Anregungsart wird man sich jedoch erst durch Vorversuche davon überzeugen müssen (s. auch Aufgabe 16).

Das Vorfunken bewirkt, daß die Elektrode durch die Überschläge schon gleichmäßig durchgearbeitet ist, bis die eigentliche Aufnahme beginnt. Die notwendige Zeit muß empirisch festgestellt werden[6], indem man mehrere aufeinanderfolgende Aufnahmen macht, ohne die Elektroden zu verändern, bis das Intensitätsverhältnis der Analysenlinien konstant geworden ist. Die Abfunkzeit, die hierzu nötig ist, steigt mit der Größe der Fläche, die angefunkt wird, an. Es läßt sich dies an Hydronalium mit 8—10% Mg unter Verwendung der Linienpaare Al 2652; Mg 2852 und Al 2816; Mg 2791 leicht erproben. Den Elektrodedurchmesser

---

[1] Siehe z. B. G. Scheibe und A. Schöntag: Arch. Eisenhüttenwes. Bd. 8 (1934/35) 533.

[2] Winter: Z. Metallkde. Bd. 29 (1937) S. 341.

[3] Balz: Z. Metallkde. Bd. 30 (1938) S. 206.

[4] Breckpot: Ann. Soc. Sei. Bruxelles Bd. 57 (1937) S. 295.

[5] Siehe z. B. O. Schliessmann und K. Zänker: Techn. Mitt. Krupp. Bd. 5 (1937) 567/77.

[6] Kaiser, H.: Spectrochim. Acta Bd. 1 (1939) S. 1. — Seith, Beerwald Z. Elektrochem. Bd. 43 (1937) S. 342.

variiert man von 2—6 mm und zeichnet sich Abfunkkurven mit T_2/T_1 und der Vorfunkzeit als Koordinaten.

Übungen: 1. Zwei Proben einer Legierung von Aluminium mit etwa 10 % Magnesium werden verglichen. Die eine soll frisch abgeschreckt sein, die andere mehrere Monate gelagert oder 48 Stunden bei 150° getempert sein. Dabei wird einmal mit Hilfe einer Zwischenblende ein schmaler Teil aus der Mitte des Funkens ausgeblendet, das andere Mal das Licht des ganzen Funkens unausgeblendet verwendet. Ohne Vorfunken werden mehrere Aufnahmen hintereinander mit jedem Elektrodenpaar gemacht, wobei diese nur vor der ersten Aufnahme frisch abgefeilt werden.

2. Zwei Proben einer Legierung von Aluminium mit 4 % Magnesium, von denen eine außerdem 4 % Silicium enthält, werden verglichen.

IV. Verfahren für besondere Zwecke.

Aufgabe 18.

Erhitzungsanalyse.

Apparate: Abreiß- oder Dauerbogen, Quarzspektrograph.

Aufgabe: Aufnahmen im kondensierten Funken, Abreiß- und Dauerbogen von Zink, Aluminium, sowie einer Legierung von Zinn + 0,001 % Blei, einer Mn-haltigen Fe-Probe und eines gewöhnlichen Platindrahtes, von einer Kupfer-Elektrode, welche in $Ca(NO_3)_2$-Lösung getaucht wurde.

Einer der Vorteile der Spektralanalyse ist ihre große Empfindlichkeit. Bei allen Metallen ist ein Nachweis bis zu 0,1—0,01 % möglich, bei vielen noch leicht bis zu 0,001 % und darunter. Trotzdem ist oft noch eine Steigerung der Empfindlichkeit, vor allen Dingen bei weniger empfindlichen Metallen, erwünscht. Allgemein ist der Weg, die Nachweisgrenze bis zu möglichst geringen Mengen auszudehnen, der, mit großer Energie zu arbeiten. Im Funken müßte man also mit stark kondensierter Entladung arbeiten. Dies hat aber meist, vor allen Dingen bei Leichtmetallen und unedlen Metallen, eine sehr starke Banden- und Luftlinienintensität zur Folge. Dadurch werden leicht Analysenlinien verdeckt. Hier leistet der Abreißbogen bessere Dienste. Betont sei, daß dieser Vorteil des Abreißbogens sich in erster Linie auf qualitative Untersuchungen erstreckt, bei quantitativen Bestimmungen ist ein gesteuerter Funke vorzuziehen. Der Abreißbogen liefert ein sehr reines Bogenspektrum, fast frei von Banden und Luftlinien. Abb. 50 zeigt ein Spektrum im kondensierten Funken und im Abreißbogen.

Man sieht deutlich, wie im Abreißbogen die Zahl der Luftlinien und Banden trotz reichlicher Belichtung äußerst gering ist.

Im Abreißbogen, vor allen Dingen in einem langsam betriebenen, sowie im Dauerbogen hat man nun in vielen Fällen die Möglichkeit,

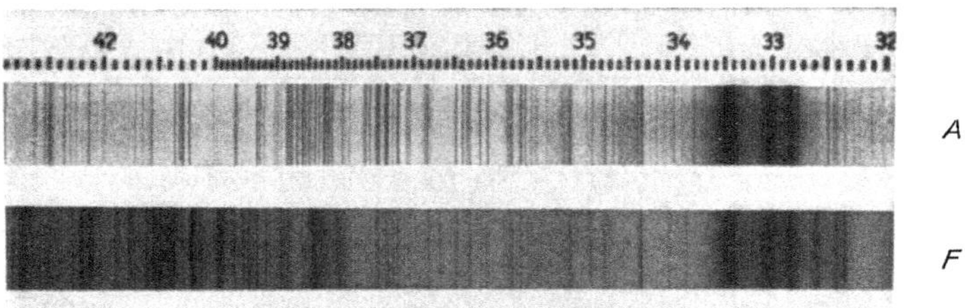

Abb. 50. Funken und Abreißbogen.

durch starke Belastung eine höhere Empfindlichkeit für manche Metalle zu erreichen. Hierbei tritt infolge starker Erhitzung fraktionierte Destillation ein. Leicht verdampfbare Elemente destillieren heraus und erscheinen im Dampf und damit auf der Platte in viel größeren Mengen, als es der Zusammensetzung entspricht. Selbstverständlich ist eine genaue quantitative Bestimmung bei dieser Anregung nicht mehr durchzuführen, aber die qualitative Nachweisgrenze wird dadurch erhöht. Man arbeitet hierbei mit etwa der 2—3 fachen Stromstärke wie bei gewöhnlichen Aufnahmen (10—12 Amp.) und nennt diese Art der Bestimmung *Erhitzungsanalyse.* Man kann die beschriebenen Tatsachen gut an der Aufnahme einer Probe von

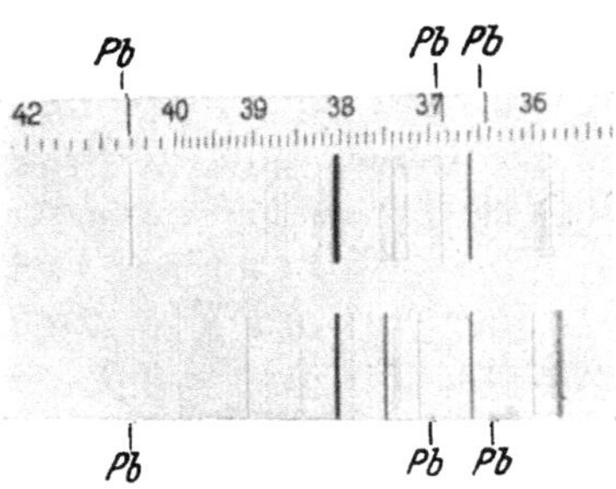

Abb. 51. Erhitzungsanalyse Pb in Sn.

Abb. 52. Erhitzungsanalyse Cu in Pt.

Sn + 0,001 % Pb verfolgen. Beim gewöhnlichen kondensierten Funken sind die letzten Pb-Linien nur schwach zu sehen, bei stark kondensierter Entladung treten in der Gegend der Pb-

Linien dann sehr viele Luftlinien und Bandenköpfe auf, die den Nachweis erschweren. In einem Dauerbogen erhalten wir dagegen ohne jede Störungslinie die Bleilinien deutlich. Abb. 51 zeigt unten eine Aufnahme mit gewöhnlicher Entladung von Sn + 0,001 % Pb. Die obere Aufnahme zeigt eine Aufnahme im Dauerbogen, bei der die Pb-Linien 3639,6; 3683,5 und 4057,8 sehr deutlich herauskommen. Besonders empfindlich wird diese Art des Nachweises bei Schwermetallen, die ein leichter flüchtiges Metall als Verunreinigung enthalten. So kann man auf diese Weise den Mn-Nachweis in Fe sehr steigern; ebenso beispielsweise den Cu-Nachweis in Platin, wie Abb. 52 zeigt. Die unterste Aufnahme stellt wieder eine gewöhnlich kondensierte Entladung dar, die zweite eine solche mit stark belastetem Abreißbogen, die oberste eine mit dem Dauerbogen. Auf der untersten Aufnahme ist die Cu-Linie 3247,5 schwächer als die Pt-Linie 3250,4. In der zweiten Aufnahme ist sie schon so stark wie die Pt-Linie 3252,0 und in der obersten Aufnahme sogar noch stärker als die starke Pt-Linie 3255,9. Man kann diesen Nachweis leicht selbst an einer Platinprobe erbringen.

Bei der Erhitzungsanalyse tritt nun sehr leicht der Fall auf, daß die Elektroden an dem herausgedampften Metall verarmen. Bei einer anschließenden Aufnahme unter normalen Bedingungen erscheint dann die Verunreinigung geringer.

Eine scheinbare Verarmung an einer Substanz bei mehreren nacheinander gemachten Aufnahmen kann aber auch manchmal bei normaler Anregung beobachtet werden. Dann hat man es mit einer anderen Erscheinung, nämlich einer oberflächlichen Verunreinigung, zu tun, die bei mehreren Aufnahmen immer weniger in Erscheinung tritt. Am häufigsten trifft man diese Beobachtung beim Ca, dessen Linien fast bei den Aufnahmen aller Elemente auftreten, da dieses Element einmal sehr empfindlich und wegen seines Vorkommens im Staub überall anwesend ist (Allgegenwartskonzentration) (*19*). Findet man nun bei einer Probe viel Ca, so macht man von ihr eine weitere Aufnahme, funkt dieselbe Stelle einige Minuten ohne zu belichten ab und macht dann wieder eine Aufnahme davon. Dies setzt man einige Male mit derselben Stelle fort. Nimmt dabei die Intensität der Ca-Linien ab, so hat man es mit einer oberflächlichen Verunreinigung zu tun. Schließlich tritt dann eine konstante Intensität auf, die dann dem normalen Ca-Gehalt als Verunreinigung entspricht, der meist unter 0,001 % liegt. Man kann diesen Versuch leicht ausführen, indem man künstlich eine oberflächliche Verunreinigung herbeiführt, etwa durch Eintauchen einer Metallprobe in eine verdünnte Ca-Salzlösung. Nach dem Abspülen kann man beobachten, wie die

Intensität der Ca-Linien bei aufeinanderfolgenden Aufnahmen abnimmt. Selbstverständlich können auf diese Art auch andere Oberflächenschichten, etwa galvanische Überzüge oder plattierte Bleche, untersucht werden.

Aufgabe 19.

Analyse von Salzen und festen, nichtmetallischen Proben.

Apparate: Abreißbogen, Dauerbogen.

Aufgabe: Aufnahmen einiger Malerfarben und eines Graphits. Vergleich einer Bogenlampenkohle mit einer spektralreinen Kohle.

In vielen Fällen liegt die Probe, die zur Analyse vorgelegt wird, in einer Form vor, die sich weder wie ein Metall direkt anfunken, noch leicht auflösen läßt. Man hat dann zwei Wege, die Spektralanalyse auszuführen. Entweder man bringt die Probe in die Bohrung einer spektralreinen Kohle und läßt eine Funkenentladung oder einen Dauerbogen übergehen, oder man verwendet den Abreißbogen, indem man die Probe auf einen Cu-Teller bringt und einen Cu-Stift als Gegenelektrode benutzt.

Durch eine Aufnahme überzeuge man sich von dem Unterschied zwischen einer spektralreinen Kohle und einer Bogenlampenkohle. Man sieht im Spektrum einer Bogenlampenkohle verschiedene Verunreinigungen, wie Al, Ca, Cu, Fe, Mg, Si u. a. m., während die spektralreine Kohle meist nur noch Spuren von Mg, Ca, B und Si enthält (Abb. 53). Charakteristisch für das Kohlespektrum sind die „Cyanbanden" im langwelligen Ultraviolett. Bei Entladungen in CO_2-Atmosphäre läßt sich ihre Intensität weitgehend herabdrücken.

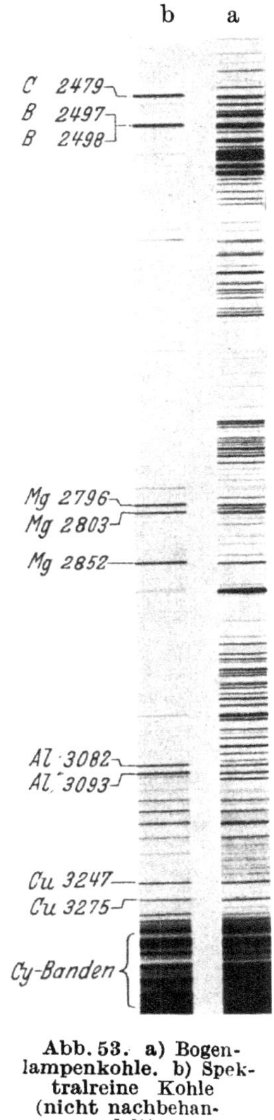

Abb. 53. a) Bogenlampenkohle. b) Spektralreine Kohle (nicht nachbehandelt).

Diese Kohlen lassen sich noch weiter reinigen, indem man sie mit einem Tropfen Salzsäure befeuchtet und einer starken Bogenentladung aussetzt.

Wir wollen versuchen, eine Reihe von leicht erhältlichen, weißen Malerfarben in Pulverform zu analysieren, nämlich Kalk, Titandioxyd, Titanweiß E, Titan-Standard A, Lithopone, Zinkweiß und

Zinkoxyd. In eine Anzahl Kohlen werden Längsbohrungen von 4 mm ∅ und 4 mm Tiefe gemacht und die Farbpulver hineingestopft. Bei einem Strom von 3 Amp. werden etwa 15 sec Be-

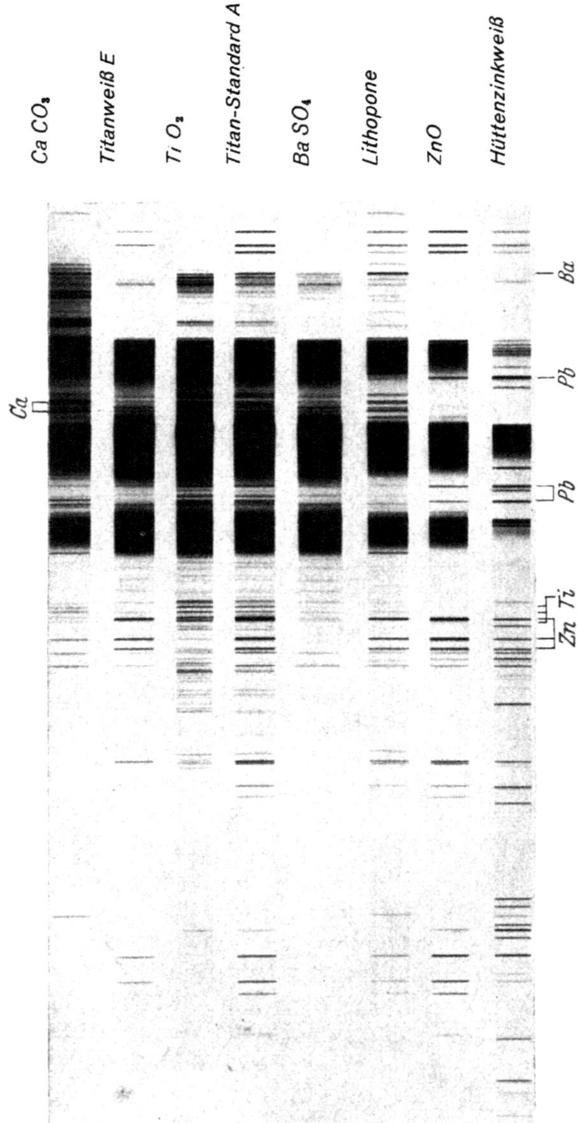

Abb. 54. Weiße Farben im Kohlebogen aufgenommen.

lichtung ausreichen. Der Bogen wird auf dem Spalt abgebildet und so ausgeblendet, daß kein Licht der glühenden Elektroden in den Spektrographen gelangt. Auf der Aufnahme lassen sich leicht die

Zusammensetzungen der Farben feststellen, wenn auch die beim Dauerbogen unvermeidlichen Banden stören (Abb. 54).

Die Aufnahmen werden im Abreißbogen wesentlich klarer (Abb. 55). Als untere Elektrode des Abreißbogens dient ein Metalltischchen, auf dem eine runde etwa 8 mm dicke Kupferplatte von 25 mm ⌀ liegt. Auf diese wird das Pulver dünn, aber zusammenhängend aufgebracht. Die Gegenelektrode aus einem Cu-Stift wird in Betrieb gesetzt. Zündet der Bogen nicht sofort, so schiebt man mit der Hand die Cu-Platte etwas hin und her. Nach jedem Bogenübergang wird die Cu-Platte etwas weitergerückt, damit der Bogen stets am Rand des unverbrauchten Materials zündet. Als ungefähre Belichtungszeit mögen 30 sec bei 3 Amp. gelten. Auf der Aufnahme lassen sich die reinen Stoffe $CaCO_3$, TiO_2 und ZnO ohne weiteres identifizieren. Titanweiß E enthält Ti, Ca und Zn; Titan-Standard A Ti, Zn und Ba; Lithopone Zn und Ba und das Hüttenzinkweiß Zn und Pb. Da alle Elemente auch im sichtbaren Gebiet starke Linien haben, lassen sich die Versuche auch mit einem Glasspektrographen ausführen.

Neben der Identifizierung der Substanzen können noch Verunreinigungen nachgewiesen werden, und bei den Gemischen lassen sich halbquantitative Analysen mit Hilfe von Vergleichsmischungen ausführen.

Hier sei noch eine Aufgabe eingefügt, die aus der Praxis entsprang. Es ist eine Bestimmung des Vanadingehaltes im Passauer Graphit, der eisenhaltig ist[1]. Selbst wenn nicht Gelegenheit besteht, das Beispiel in allen Einzelheiten in einem Praktikum zu wiederholen, so kann es doch Fingerzeige und Anregung geben für ähnliche Analysen. Es lag ein Handstück des Erzes vor, wie es gebrochen wird. Dieses wurde fein gemahlen, und einige Spektren mit einem Quarzspektrographen großer Dispersion (Zeiß Q 24) aufgenommen. Als Anregung diente ein Abreißbogen mit Cu-Elektroden.

Während wir bisher bei Legierungen stets eine Grundsubstanz hatten, deren Linien wir zum Vergleich heranziehen konnten, war es in diesem Falle nicht möglich, uns auf eine bestimmte Grundsubstanz zu beziehen, da das Gestein Quarz, Feldspat und Glimmer als Grundsubstanz enthält.

Es wird deshalb spektralanalytisch nur das Verhältnis von Fe zu V bestimmt. Beim Betrachten des Spektrums unter einem Spektrenprojektor (Abb. 56) zeigte sich, daß die Linien Fe 3119,5 und V 3118,38 ungefähr gleich stark waren. Diese wurden dann

---

[1] Proben dieses Materials sind durch Prof. W. Seith zu erhalten.

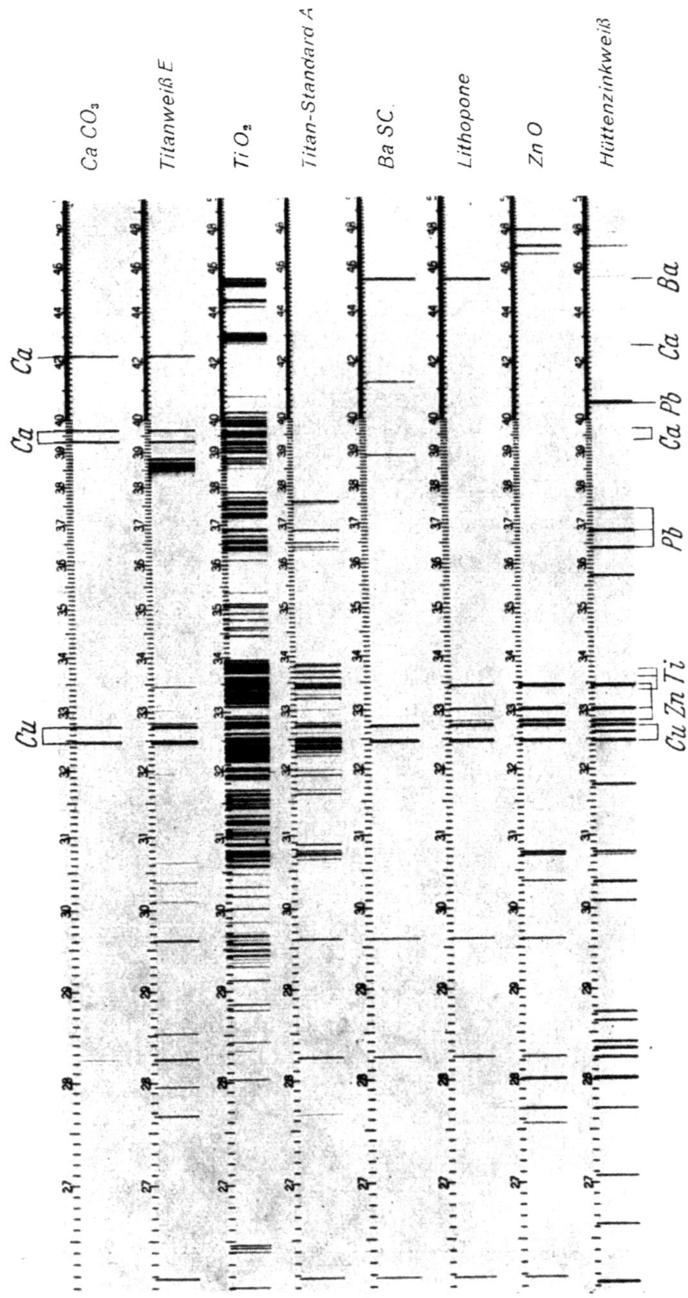

Abb. 55. Weiße Farben im Abreißbogen.

zum Vergleich gewählt, und es wurden einige Testproben von Fe_2O_3 und V_2O_5 durch Einwaage und längeres Mischen hergestellt, die ein Verhältnis Fe zu V von 100 : 5 bis 100 : 0,1 hatten. Graphit und Teste wurden dann nochmals auf eine Platte aufgenommen und die Analysenlinien ausphotometriert. Das Verhältnis von Fe zu V in unseren Proben war 100:0,15 bis 100:0,18 und im Mittel 100:0,17. Eine mehrmalige chemische Analyse des Gesteins auf Eisen ergab einen Gehalt von 8,4 Gew.-% Fe, woraus sich für den Vanadingehalt des Gesteins 0,014% errechnet. Eine Prüfung der Ergebnisse

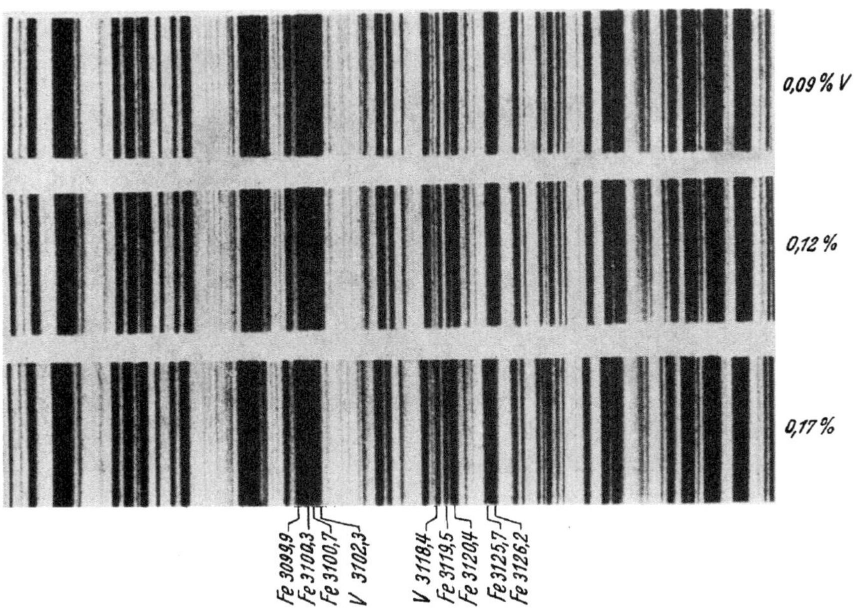

Ab. 56. Vanadin in Eisen.

durch potentiometrische Maßanalyse ergab in guter Übereinstimmung 0,0175% V[1].

Der Kohlenbogen wird auch mit Vorteil verwendet, um medizinische und histologische Präparate zu untersuchen. Die Proben von mikroskopisch dünnen Schnitten, werden dabei in die untere Kohlenelektrode des Bogens gebracht, durch leichtes Erwärmen die Feuchtigkeit entfernt und der Rest des Präparates im Lichtbogen nach Art anorganischer Präparate untersucht[2]. Diese Me-

[1] Bader: Zbl. f. Mineral. A (1937) S. 279.
[2] Gerlach: Spectrochimica Acta 1939, S. 168.

thode ist wesentlich einfacher und dabei empfindlicher als die früher üblichen Hochfrequenzmethoden, auf deren Beschreibung deshalb verzichtet wird.

Aufgabe 20.

Lokalanalyse.

Apparate: Funkenerzeuger, Funkenstativ, Quarzspektrograph.

Proben: Hart- und weichgelötete Metallproben. Cu-Draht, $Hg(NO_3)_2$-Lösung.

Ein Unterschied besteht noch zwischen der Spektralanalyse und den chemischen Methoden, auf den wir bis jetzt noch nicht näher eingegangen sind. Bei der chemischen nassen Analyse wird die Probe aufgelöst, und wir erhalten einen *Durchschnittswert* der Zusammensetzung über die ganze verwandte Menge. Anders bei der Spektralanalyse. Hier erhalten wir wenigstens bei Verwendung fester Elektroden für die Analyse nur einen Befund von den Stellen, zwischen denen der Bogen oder Funken überging; sie stellt also eine *Lokalanalyse* dar. Bei der großen Mehrzahl der Analysen wird homogenes Material vorliegen, so daß keine Differenz zwischen den beiden Untersuchungsarten entsteht. Immerhin kommen auch in der Praxis Fälle von sehr ungleichmäßiger Zusammensetzung vor, etwa bei stark geseigerten Legierungsstücken. Dabei gibt dann die Spektralanalyse immer die Zusammensetzung an der jeweils untersuchten Stelle, was für die Beurteilung der Konzentrationsschwankungen von großem Wert sein kann. Will man aber durch die Spektralanalyse dazu noch einen Mittelwert über eine ganze Probe erhalten, so gewinnt man ihn durch Auflösen der Probe und Spektralanalyse der Lösung. Will man das Auflösen aus irgend einem Grunde umgehen, so macht man Aufnahmen von verschiedenen Stellen der Probe und nimmt das Mittel. Hieraus erhält man ein ungefähres Bild, das oft genügen wird.

Manchmal ist aber gerade der Umstand, daß man bestimmte Stellen einer Probe untersuchen kann, von hoher praktischer Bedeutung. Die Ausführung lernen wir leicht kennen an der Untersuchung von Lötstellen. Zunächst nehmen wir ein mit Weichlot gelötetes Messingblech und machen eine Aufnahme von einer nicht gelöteten Stelle, wobei wir den Funken zwischen zwei lotfreien Stellen überspringen lassen. Ohne die Platte zu verstellen, machen wir entsprechend eine Aufnahme von der Lotstelle. Die beiden Aufnahmen koppelt man mit der Stufenblende (Abb. 57). Wenn nur eine einzige Probe zur Verfügung steht, nimmt man als Gegenelektrode ein Stück lotfreies Messing, von dem man den

Funken auf die Lötstelle springen läßt. Deutlich erkennt man in dem Spektrum der Lotstelle Pb und Sn und etwas Bi, das wahrscheinlich in dem Lot als Verunreinigung enthalten war. Abb. 58

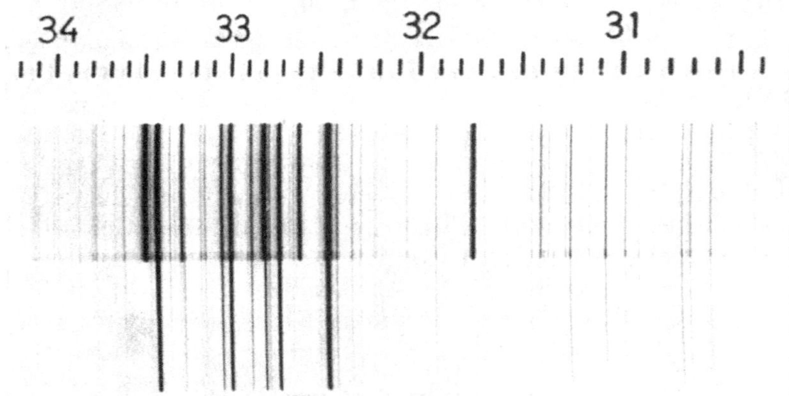

Abb. 57. Lötstelle, Messing.

zeigt die analoge Untersuchung eines mit Hartlot gelöteten Ni-Bleches; wir finden an der Lotstelle Ag, Cu, Zn.

Auf diese Art und Weise können leicht eingeschlossene Fremdkörper untersucht werden. Von einer Elektrode aus dem Material

Abb. 58. Lötstelle Nickel.

des zu prüfenden Werkstückes läßt man wie oben einen Funken einmal auf eine reine Stelle und dann auf die verunreinigte Stelle übergehen. An den Fremdlinien der zweiten Aufnahme läßt sich dann die Natur des Einschlusses erkennen. Weiter können Bruchstellen untersucht werden, indem man die guten Stellen gegen gebrochene aufnimmt. Schließlich kann man ganz allgemein die gleichmäßige Verteilung eines Stoffes A in einem Stoff B prüfen, indem man verschiedene Stellen anfunkt.

Ein anderes Beispiel für die Anwendung der Lokalanalyse soll noch besprochen werden. Um die Nachweisgrenze bei der Analyse von Lösungen zu steigern, kann man eine Anreicherung durch elektrolytische Abscheidung erreichen, sofern sich die Metalle auf diese Weise niederschlagen lassen[1]. Man richtet die Elektrolyse so ein, daß sich das Metall auf einer ganz bestimmten Stelle, z. B. der Spitze der Kathode niederschlägt und läßt von einer Elektrode aus dem Kathodenmaterial den Funken auf diese Stelle der Kathode überspringen. Man hat dabei nur darauf zu achten, daß gleich der erste Funkenübergang auf der Platte festgehalten wird. Ein einfacher Versuch läßt sich leicht ausführen. Man scheidet Hg aus einer konz. $Hg(NO_3)_2$-Lösung ab und wählt als Elektrode einen dünnen emaillierten Cu-Draht, der nur an einer Stelle blank gemacht ist, so daß sich alles Hg hier niederschlägt. Die Abscheidung kann auch ohne Anlegen einer äußeren Spannung rein auf Grund der Spannungsreihe vorgenommen werden. Man macht zunächst eine Spektralaufnahme von dem emaillierten Cu-Draht, entfernt dann, ohne sonst etwas zu ändern, eine der beiden Elektroden, bringt an ihre Stelle das als Kathode verwendete Stück Cu-Draht und nimmt dieses auf. Auf diese Weise lassen sich bis zu 1×10^{-10} g Hg erfassen[2].

Auf einem ähnlichen Wege lassen sich z. B. die Verunreinigungen des Zinks[3] an Pb, Bi, Cd, Tl und Sn leicht nachweisen. Ein Zinkstab von etwa 8 mm ⌀ wird einige Stunden in eine $n/1$ HCl getaucht. Es löst sich ein kleiner Teil davon auf und auf der Oberfläche bleiben die edleren Metalle Pb, Bi, Cd, Tl und Sn zurück. Der Zinkstab wird dann in eine Vorrichtung (Drehelektrode) eingespannt, die es erlaubt, ihn in waagerechter Lage unter einer im normalen Funkenstativ eingespannten Gegenelektrode aus reinstem Al schraubenförmig durchzudrehen. Gleichzeitig läßt man einen Funken oder Wechselstrombogen (Pfeilstickergerät) übergehen. Da jeder Überschlag auf eine frische Stelle des dünnen Überzuges trifft, treten die Linien der Verunreinigungen deutlich hervor, auch wenn ihr Gehalt unterhalb $^1/_{1000}$% liegt.

---

[1] SCHLEICHER: Z. anal. Chem. **91** (1933) 210; **96** (1934) 208; **101** (1935) 241. — SCHLEICHER und LAURS: Z. anal. Chem. **108** (1937) 241.

[2] VAN CALKER: Z. anal. Chem. **105** (1936) S. 405.

[3] SEITH und HERMANN: Spektrochim. Acta. 1941.

Bewegung der Elektrode[1] ist stets von Vorteil, wenn es sich um die Analyse dünner Überzüge handelt. Bleche, welche plattiert sind oder galvanische und andere Überzüge haben, biegt man zu einem Röhrchen und spannt sie wie beschrieben in die Drehelektrode. Dicke Stücke kann man mit einfachen Vorrichtungen eben unter der Gegenelektrode durchziehen.

Erwähnt sei noch, daß es SCHEIBE und MARTIN[2] gelang, durch eine sinnreiche Einrichtung mit einem räumlich äußerst beschränkten Funken und bewegter Photoplatte, laufende Analysen des Gefüges von Metallschliffen, der Körner wie der Zwischensubstanz zu erhalten.

Eine weitere Methode zur Untersuchung kleiner Flächenelemente stammt von J. HEYES[3]. Die anzufunkende Fläche wird dort mit einem Glimmerplättchen bedeckt, in die ein Loch von einigen $^1/_{100}$ mm Durchmesser gebohrt ist.

Aufgabe 21.

Analyse von Lösungen.

Apparate: Funkenerzeuger, spektralreine Kohle und Elektrolytkupfer, Lösungselektrode.

Aufgabe: Aufnahme verschiedener Salzlösungen, beispielsweise strontiumhaltiger Ca-Salz-Lösungen, Bestimmung von Mg in Al-Legierungen.

Wie früher bemerkt, unterscheidet sich die Spektralanalyse von der chemischen Analyse nicht nur in der Art der verwendeten Apparate. Die Spektralanalyse benötigt sehr wenig Substanz, die nur einen minimalen Teil der zu untersuchenden Probe umfaßt. In vielen Fällen ist dies ein großer Vorteil, aber es setzt voraus, daß die Probe überall die gleiche Zusammensetzung hat wie dieser kleine Teil. Dies wird häufig nicht beachtet und führt zu Mißverständnissen, wenn die chemische Analyse und die Spektralanalyse nicht zum gleichen Ergebnis kommen und endet häufig mit einem wenig günstigen Urteil über die Spektralanalyse. Oft will man jedoch mit Sicherheit einen Durchschnittswert über größere Stücke haben, z. B. bei grobkristallinen, heterogenen Legierungen, bei Erzen und Gesteinen. Hier muß auch die Spektralanalyse versuchen, Durchschnittswerte durch Homogenisieren der Proben zu erhalten.

Ein Weg, der stets zur Homogenisierung führt, ist das Auflösen, und es macht keine besonderen Schwierigkeiten, auch wässerige

---

1 BEERWALD und SEITH: Z. Elektrochem. **44** (1938) S. 814.

2 SCHEIBE, G. und J. MARTIN: Spektrochim. Acta Bd. 1 (1939) S. 47.

3 HEYES, J.: Arch. Eisenhüttenw. 1941.

Lösungen spektralanalytisch zu untersuchen. Man hat dabei die Möglichkeit, sich leicht Vergleichsteste herzustellen, verzichtet allerdings durch den Zeitaufwand des Einwägens und Auflösens und die etwas weniger saubere Arbeitsweise auf einen wesentlichen Vorteil der Spektralanalyse.

Die Analyse von Lösungen kann in ähnlicher Weise wie die von Pulvern auch auf Kohle vorgenommen werden[1]. Man verwendet die in Aufgabe 19 erwähnten spektralreinen Kohlen. Auf die untere der Kohlen, deren Endflächen plangedreht sind, wird ein Tropfen der konzentrierten Test- oder Analysenlösung aufgebracht. Diese läßt man nun auf der Kohle eintrocknen, was dadurch erleichtert wird, daß man die Kohle vorher stark vorfunkt, damit vorreinigt und erwärmt und belichtet etwa 20 sec mit dem FEUSSNER-Funkenerzeuger (Stufe 3).

Auf diese Weise kann man die Mg-Bestimmung in Aluminium-Magnesium-Legierungen durchführen. Es ist allerdings zu beachten, daß die spektralreinen Kohlen stets Spuren von Magnesium enthalten. Bei hohen Magnesiumgehalten wie in unserem Beispiel tritt eine Störung nicht ein. Photometriert werden die Linien Mg 2852,1 und Al 3082,2. Die Mg-Linie 2852,1, die bei der Bogenaufnahme Abb. 53 zu sehen ist, tritt unter den Entladungsbedingungen, wie sie für die Analyse angegeben sind, bei der reinen Kohle nicht hervor, während sie bei den Aufnahmen der Analysenproben reichlich geschwärzt erscheint. Auch Legierungen von 1—5% Cu in Al lassen sich nach diesem Verfahren leicht untersuchen durch Photometrierung der Linien Cu 3247,5, Al 3944,0.

Auch in Fällen, wo geeignete Vergleichslinien für die quantitative Analyse fehlen, hat man bei der Lösungsanalyse leicht die Möglichkeit, eine geeignete Hilfssubstanz anzuwenden. Man wählt ein Element aus, welches Linien in der Gegend der Spektrallinien der Analysensubstanz besitzt und stellt sich Testlösungen her, bei denen die Menge der Hilfssubstanz, die bekannt ist, stets konstant gehalten wird. Von der Analysensubstanz gibt man, ähnlich wie bei Testlegierungen, abgestufte Mengen in Lösung. Diese Testlösungen vergleicht man nun nach dem Eintrocknen auf der Kohle mit der Analysenlösung, der nun ebenfalls dieselbe Menge der Hilfssubstanz hinzugefügt wurde. Zu beachten ist nach dem Eintrocknen bei der Methode von SCHEIBE und RIVAS[1], ob irgendwelche anwesende fremde Atome das Intensitätsverhältnis beeinflussen. Diese Möglichkeit kann vor allen Dingen dann auftreten, wenn nach dem Eintrocknen verschiedenartige Anionen und Oxyde vorliegen.

[1] G. SCHEIBE u. RIVAS. Z. angew. Chem. **49** 443 (1935).

An Stelle der Kohle-Elektrode kann auch mittels einer speziellen Lösungs-Elektrode nach GERLACH gearbeitet werden.

Als Grundregel kann gelten, daß man die Lösungen so herstellt, daß sie etwa 10—20% Salz enthalten; zur Erhöhung der Leitfähigkeit kann man, wenn nötig, noch etwas Salzsäure zugeben. Eine Elektrode, die sich zum Verfunken von Lö-

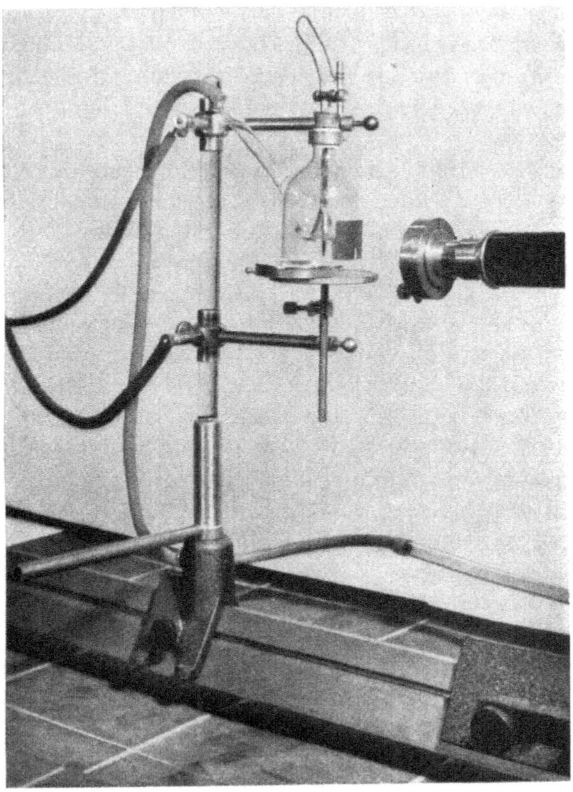

Abb. 59. Lösungselektrode.

sungen eignet, ist in Abb. 59 abgebildet. Sie ist nach den Angaben von W. GERLACH hergestellt. Auf einem Tischchen steht ein flacher Teller von 4,5 cm ∅, der mit Platinblech ausgekleidet ist. Er ist etwas nach außen gezogen, um besser sichtbar zu werden. Darüber wölbt sich eine Glasglocke, in der eine Silberdrahtelektrode angebracht ist, die noch einen Schutz gegen Funkenüberschlag zur Wand trägt. Das Fenster wird zum Schutz des Spaltes gegen Spritzer außerdem durch ein planparalleles

Glas- oder Quarzplättchen gedeckt. Der Ansatz dient zum Absaugen der entstehenden Nebel. In den Teller kommt so viel Flüssigkeit, daß sich ihre Oberfläche über die Höhe des Randes wölbt. Der Abstand der Gegenelektrode soll von der Oberfläche 3—4 mm betragen. Die Anregung erfolgt mit einem beliebigen Funkenerzeuger mit nicht zu großer Kapazität, denn ein zu energiereicher Funkenüberschlag führt zum Zerspritzen der Lösung. In den Sekundärkreis legt man noch einen Flüssigkeitswiderstand von 100—200 Ohm und eine große Selbstinduktion. Man stellt sich Kapazität und Widerstand so ein, daß ein heller Funke übergeht, der eine leuchtende Aureole über der Flüssigkeit bildet, ohne jedoch zu sehr zu spritzen.

Als Beispiel einer Analyse kann der Strontiumgehalt eines Kalziumpräparates[1] oder der Kalziumgehalt eines Strontiumsalzes mit einem Glasspektrographen bestimmt werden. Zur Analyse von Ca-Präparaten auf Sr eignen sich die Linien Sr 4077,7; 4215,5, die man mit den Ca-Linien 4283,1; 4289,4 und 4299,0 in einem Konzentrationsgebiet von 0,1—0,4 Gew.-% vergleichen kann. Im Konzentrationsbereich von 1—10% Sr-Salz in Ca-Salz eignen sich die Linien Ca 4226,7; Sr 4215,5 und Ca 4454,8; 4455,9; Sr 4607,3 als Analysenlinien. Die Testproben stellt man sich durch Einwägen reinster Salze her und kann so leicht eine halbquantitative Analyse oder eine Analyse durch Schwärzungsvergleich, wie bei Legierungen beschrieben, ausführen.

In Sr-Präparaten sind stets die stärksten Ca-Linien 3933,7 und 3968,5 anzutreffen, ebenso 4226,7. Diese lassen sich mit Sr 4215,5 und 4161,8 vergleichen.

Ein klassisches Beispiel, wieviel mittels einer Lösungsanalyse erreicht werden kann, haben W. GERLACH und E. RIEDL in einer Reinheitsprüfung einer kleinen Probe eines Radiumpräparates gegeben[2].

Aufgabe 22.

Der Lundegårdhbrenner und die Kaliumanalyse nach SCHUHKNECHT-WAIBEL.

Apparate: Lundegårdhbrenner mit Zubehör, Apparatur zur K-Bestimmung nach SCHUHKNECHT-WAIBEL.

Aufgabe: Lösungsspektralanalyse mit dem Lundegårdhbrenner oder Bestimmung des Kaliumgehaltes von Lösungen oder Pflanzenkeimlingen.

---

[1] K. RUTHARDT: Z. anorg. Chem. **195** (1931) 15.
[2] Z. anorgan. Chem. Bd. 221 (1935) S. 103.

Es ist wiederholt versucht worden, den Gang der Spektralanalyse dadurch abzukürzen, daß man unter der Ausschaltung der photographischen Aufnahme das Licht der Analysenlinie direkt auf eine Photometerzelle fallen läßt und zur Messung bringt[1]. Das Verfahren erfordert eine komplizierte Apparatur.

In einem Falle ist jedoch eine äußerst einfache und sinnvolle Lösung gefunden worden. Die Bestimmung des Kaliums nach SCHUHKNECHT[2] und WAIBEL[3] geht so vor sich, daß man sich eine

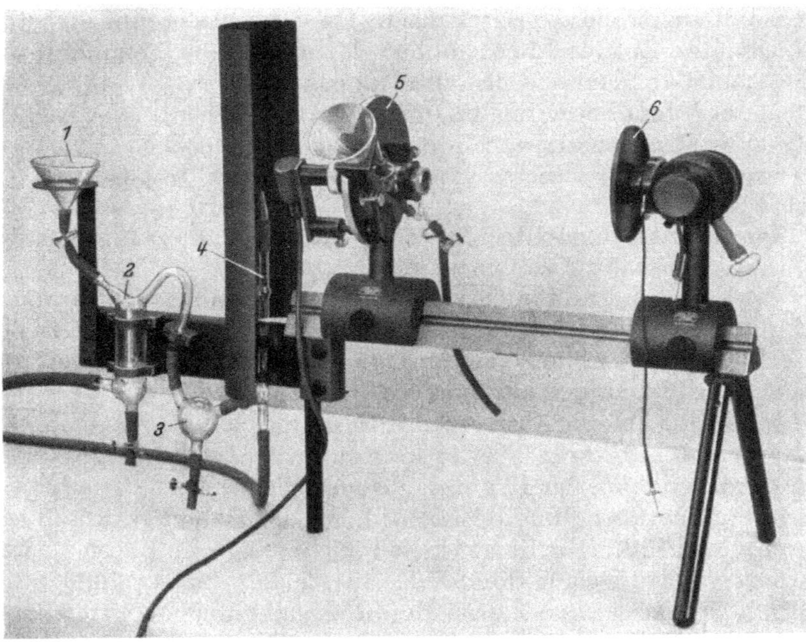

Abb. 60. Apparatur zur Bestimmung von K und P nach SCHUHKNECHT und WAIBEL.

Lösung im Lundegårdhbrenner zerstäubt und das Kalium in der Flamme zum Leuchten bringt. Das Licht wird nun nicht in einem Spektralapparat zerlegt, sondern die roten Kaliumlinien 7669,9; 7699,0 Å werden mit Hilfe eines geeigneten Farbfilters isoliert und ihr Licht mit einer Photozelle und einem Galvanometer gemessen. Eine Eichkurve gibt den Zusammenhang von Galvanometerausschlag und Konzentration direkt.

[1] THANHEISER, G. und I. HEYES. Spektrochim. Acta, **1** (1939) S. 269.
[2] SCHUHKNECHT: Angew. Chem. Bd. 50 (1937) S. 299.
[3] WAIBEL: Z. techn. Phys. 1938, S. 394; s. a. RAUTENBERG und KNIPPENBERG. Z. angew. Chem. **53** (1940) 477.

Der Lundegårdhbrenner (Abb. 60) in der neuesten Ausführung von Zeiß besteht aus einem Zerstäubergefäß aus Glas (*2*), in das Luft von 0,7—0,8 at eingeleitet wird. Es besitzt einen Zu- und Abfluß, durch welche die zu untersuchende Lösung bequem eingefüllt und abgelassen werden kann. Beim Wechsel der Lösung muß das Zerstäubergefäß mit destilliertem Wasser ausgespült werden. Die mit dem Nebel der Lösung beladene Druckluft durchstreicht ein Kugelgefäß (*3*) und wird dann dem eigentlichen Brenner (*4*) zugeführt, dort mit Azetylen gemischt, das mit einem Druck von 40 cm Wassersäule zugeleitet wird. Das Mischgas brennt aus einer Metallspitze in einer 15 cm hohen Flamme. Beim Anzünden und Auslöschen der Flamme sind die Handgriffe für das Einstellen und Öffnen der Ventile der Preßluft und Azetylenflasche, in der Reihenfolge auszuführen, die aus der jeweils beigegebenen Vorschrift hervorgeht. Ungeschickte Handhabung könnte Explosionen zur Folge haben.

Die einmal eingestellten Drucke müssen während der ganzen Messung konstant gehalten werden.

Ebenso wie zur Kaliumbestimmung ist der Lundegårdhbrenner[1] auch zur Analyse vieler anderer Elemente in Lösungen geeignet, wenn man die Flamme vor den Spalt eines Spektrographen aufstellt. Die Belichtungszeit beträgt hier etwa 1—2 min.

In der hier beschriebenen Anordnung, die speziell der Pflanzenanalyse dient, wird ein Bild der Flamme in dreifacher Vergrößerung auf der Blende (*6*) einer Photozelle abgebildet. Hier befindet sich auch das Farbfilter, das die Lichtfarben des Kaliumgrunddubletts durchgehen läßt. Es ist natürlich nicht möglich, Filter zu konstruieren, welche ausschließlich die beiden Linien 7669,9 und 7699,0 Å passieren lassen. Bei Benutzung der drei Farbfilter BG 19, RG 8 und BG 3 von SCHOTT und Gen. übereinander, erhält man ein Filter, das zwischen 7200 Å und 9000 Å merklich durchlässig ist[2]. Das Maximum der Durchlässigkeit liegt bei 7800 Å. In diesem Bereich liegen außer den Kaliumlinien noch Rb 7800,3/7947,6 und Cs 8521,1/8943,5, die aber wegen der Seltenheit der Elemente nicht stören. Gefährlich können einige Banden des Bariums werden, dasselbe wird jedoch von den Pflanzen nicht aufgenommen. Die Fehler durch die von Pflanzen aufgenommenen Mengen an Na, Ca, Mg plus dem kontinuierlichen Spektrum der Flamme liegen bei 1%.

Als Photozelle dient eine Alkalizelle. Sie hat die Eigenschaft den elektrischen Strom nur zu leiten, wenn sie belichtet wird. Es

---

[1] LUNDEGÅRDH: Die qualitative Spektralanalyse der Elemente. Jena: G. Fischer 1934.

[2] SCHUHKNECHT, l. c.

wirkt sich günstig aus, daß ihr Empfindlichkeitsbereich etwa zwischen 6000 und 11 000 Å und das Maximum der Empfindlichkeit bei etwa 8500 Å liegt, und damit nahe mit dem der Durchlässigkeit des Filters zusammenfällt (Abb. 61). An die Zelle wird eine Spannung von 60—80 V (Anodenbatterie) angelegt und der Strom mit einem Lichtmarkengalvanometer von Siemens & Halske gemessen. Durch die Wahl einer geeigneten Zellenspannung und Variation der an der Apparatur angebrachten Irisblende wird erreicht, daß der Ausschlag des Galvanometers 100 Teilstriche beträgt, wenn eine Lösung mit 100 mg K_2O in 100 cm^3-Lösung zerstäubt wird. Man stellt sich eine Eichkurveher mit Lösungen von 20, 40, 60, 80 mg K_2O in 100 cm^3. Die Kurve ist infolge der Selbstumkehr der K-Linien schwach gekrümmt.

Die Methode ist auf die Bodenanalyse nach NEUBAUER[1] abgestimmt, doch läßt sich auch jede andere K-Bestimmung ausführen.

Sollen kleinere Kaliumgehalte bestimmt werden, wie sie bei Bodenauszügen vorkommen, so benutzt man an Stelle des Lichtmarkengalvanometers ein Spiegelgalvanometer, wie es beim Spektrallinienphotometer Verwendung findet.

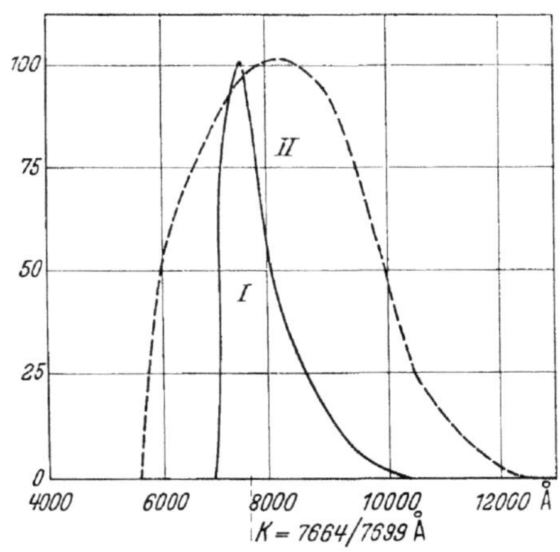

Abb. 61. Durchlässigkeit des Filters (I) und Empfindlichkeitsbereich der Photozelle (II) bei der SCHUHKNECHT-WAIBELschen Apparatur.

Die Apparatur ist ferner zur Bestimmung des Phosphorgehaltes eingerichtet, doch handelt es sich hierbei um eine colorimetrische Methode auf Grund einer Farbreaktion. Als Lichtquelle dient hier ein kleines Lämpchen, das mit konstanter Spannung brennt. In den Lichtweg wird eine Küvette[2] mit der Lösung gebracht und das durchfallende Licht mit der Photozelle gemessen. Testlösungen und eine Eichkurve ergeben die Konzentration.

Es wäre natürlich sehr praktisch, wenn die Methode der Ka-

[1] Hierzu müssen 100 Roggenkörner 17 Tage in 100 g Ackerboden keimen. Die Keime werden verascht und mit HCl verd. aufgenommen. Je nach der Güte des Bodens enthält die Lösung 10—100 mg K_2O und 26—35 mg P_2O_5, wovon etwa 3 mg K_2O und 25 mg P_2O_5 in den Körnern enthalten waren.

[2] In Abb. 60 zurückgeklappt.

liumbestimmung von SCHUHKNECHT und WAIBEL auch auf weitere Elemente ausgedehnt werden könnte. Es ist jedoch dazu nötig, Filter zusammenzustellen, die mit genügender Schärfe die Analysenlinien von den übrigen im Spektrum vorkommenden durch selektive Durchlässigkeit trennt.

Aufgabe 23.

Farbenempfindlichkeit der Photoplatten.

Apparate: Glasspektrograph, Eisenfunken.

Proben: Verschiedene photographische Plattensorten.

Hilfsmittel: VON ANGERER: Wissenschaftliche Photographie.

Aufgabe: Vergleich der Farbenempfindlichkeit verschiedener Photoplatten und ihre Beurteilung auf Eignung zur Aufnahme von Spektren im sichtbaren Spektralgebiet.

Während wir bei der Photographie im ultravioletten Gebiet gesagt haben, daß dort alle Platten eine genügende Empfindlichkeit besitzen, ist dies im sichtbaren Gebiet nicht der Fall. Von der Landschaftsphotographie her wissen wir, daß gewöhnliche Platten gelbe und grüne Töne viel dunkler wiedergeben, als sie das Auge neben den blauen Tönen empfindet. Dabei ist allerdings zu bemerken, daß auch das Auge gleiche Lichtenergien in verschiedenen Farben nicht als gleichhell empfindet. Der Höchstwert der Empfindlichkeit des Auges liegt im Gelbgrünen bei etwa 5500 Å. Wenn man die Farbenempfindlichkeit einer Platte streng physikalisch bestimmen will, so genügt es nicht, das kontinuierliche Spektrum einer Lichtquelle, z. B. eines Glühlampenfadens, auf einer Platte aufzunehmen und die entstandenen Schwärzungen an verschiedenen Stellen zu messen, denn die ausgestrahlte Lichtenergie ist nicht in jedem Wellenlängenbereich die gleiche, sondern sie hängt nach dem Planckschen Strahlungsgesetz sehr stark von der Wellenlänge ab. Bei einer Glühtemperatur von 4200° abs., wo das Maximum der Strahlung eben in das sichtbare Spektralgebiet eingetreten ist, wird im Rot bei 7000 Å doppelt soviel Energie ausgesandt, als im Violett bei 4000 Å. Bei niedrigeren Temperaturen wird das Verhältnis rasch noch viel ungünstiger. Man bedient sich deshalb zur

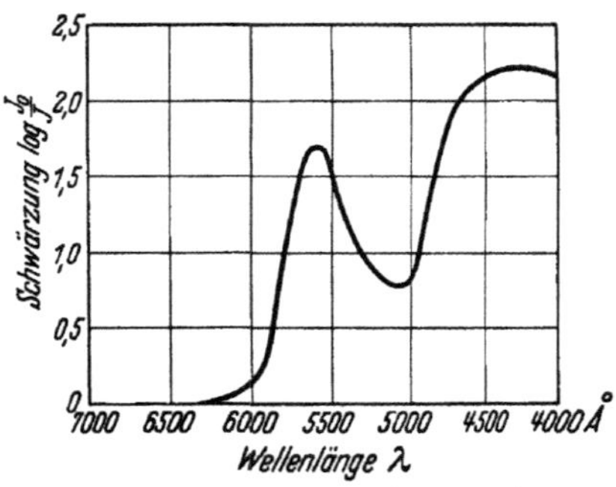

Abb. 62. Farbenempfindlichkeit einer gewöhnlichen Platte (von ANGERER).

Aufnahme der Farbenempfindlichkeitskurven einer Einrichtung, Energienivellierer genannt, die dafür sorgt, daß die in jeder Wellenlänge eingestrahlte Energie gleich groß ist. Belichtet man Platten mit diesem Apparat und trägt die Schwärzung gegen die Wellenlänge auf, so erhält man Kurven, wie sie in Abb. 62 und 63[1] wiedergegeben sind. Wir sehen, daß die Empfindlichkeit einer panchromatischen Platte über das ganze sichtbare Gebiet von 7000 Å bis 4000 Å ziemlich gleichmäßig ansteigt. Bei der viel verwendeten Braunsiegelplatte von PERUTZ beginnt der Anstieg erst im Orange bei 5800 Å wesentlich zu werden und hat dann im Gelb ein Maximum, dann folgt eine weniger empfindliche Zone im Grün und endlich ein Anstieg nach Blau und Violett. Ähnliche Kurven findet man bei vielen anderen Plattensorten.

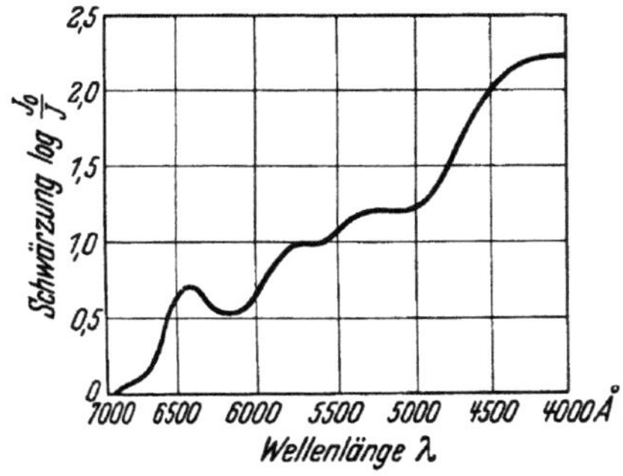

Abb. 63. Farbenempfindlichkeit einer Panplatte (von ANGERER).

Da es uns hier jedoch nur um die Prüfung der Platten auf ihre Fähigkeit, die Spektren wiederzugeben, zu tun ist, wollen wir die Farbenempfindlichkeit mit den uns zur Verfügung stehenden Mitteln veranschaulichen, indem wir das Spektrum eines Dauerbogens zwischen Eisenelektroden mit einem Glasspektrographen auf verschiedene Platten aufnehmen. Wir wählen jedesmal eine

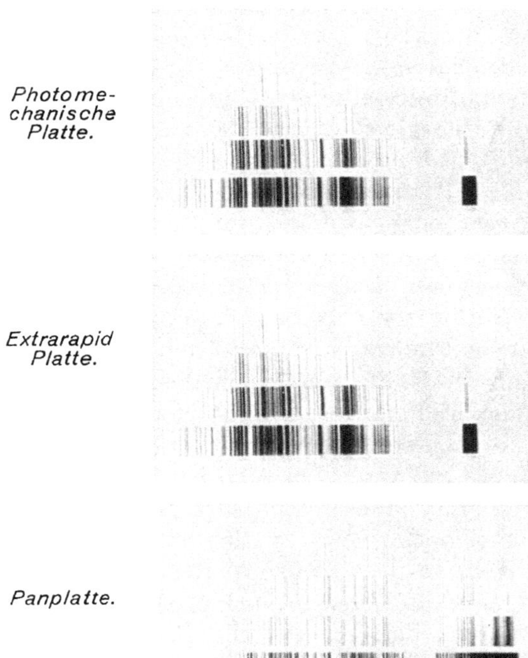

Abb. 64. Farbenempfindlichkeit verschiedener Platten.

[1] Aus von ANGERER: Wissenschaftliche Photographie. I. Aufl.

Reihe von Belichtungszeiten, indem wir, von etwa 5 sec ausgehend, die Belichtungszeit stets um das 1,5fache oder Doppelte steigern. Die Bilder, die wir so erhalten (Abb. 64), lassen sich von einer Kurve umreißen, die die Farbenempfindlichkeit für unsere Zwecke ausreichend beschreibt. Wir erkennen im untersten Spektrum die fast gleichmäßige Empfindlichkeit der Panplatte und ihre große Reichweite ins Rot (rechts). Dagegen sind bei den anderen Beispielen die Lücken deutlich zu sehen.

Aufgabe 24.

Absorptionsspektren.

Apparate: Spektrograph, Eisenbogen, Küvetten.

Proben: $KMnO_4$, K_2CrO_4, Benzol, Alkohol.

Hilfsmittel: Molekülspektren von Lösungen und Flüssigkeiten von G. SCHEIBE und W. FRÖMEL[1].

Wie wir schon bei der Besprechung der Selbstumkehr (*67*) erwähnt haben, ist der Mechanismus der Absorption die Umkehrung des Emissionsvorganges. Wird Licht einer Wellenlänge, die einer Grundlinie zukommt, in einen Metalldampf eingestrahlt, so kann die Energie dazu benutzt werden, Elektronen vom Grundzustand auf ein höheres Energieniveau zu heben. Die Energie wird, nach allen Richtungen gestreut, wieder ausgestrahlt, oder auch vom Atom oder Molekül aufgenommen. Am Beispiel der Na-Grundlinien läßt sich der Zusammenhang von Absorptions- und Emissionslinien leicht zeigen. Wir bringen zu diesem Zweck vor den Spalt eines Glasspektroskopes eine Bunsenflamme, in die wir einen kleinen Eisenlöffel mit Natriumchlorid halten und merken uns die Stelle im Gesichtsfeld, an der die Na_D-Linien erscheinen oder stellen das Fadenkreuz auf sie ein. Dann stellen wir eine Kohlenbogenlampe auf und bilden den positiven Krater mit einer Linse auf dem Spalt so ab, daß die Strahlen durch die Bunsenflamme gehen müssen. Bringen wir nun wieder NaCl in die Flamme, so bemerken wir an der Stelle, wo vorher die gelben Na-Linien lagen, in dem kontinuierlichen Spektrum zwei schmale schwarze Linien, die Absorptionslinien des Natriumdampfes. Es ist zu beachten, daß die Natriumflamme recht intensiv brennt und das kontinuierliche Spektrum so hell ist, daß es die Na-Emission überstrahlt.

Die Absorptionslinienspektren der Metalldämpfe haben jedoch kaum praktische Bedeutung, sondern nur diejenigen von Verbindungen und Lösungen. Dabei können nicht nur die Energie-

[1] Hand- und Jahrbuch der chem. Physik 9 IV 1936.

stufen sich betätigen, die von Elektronenübergängen herrühren, sondern ebenso die Schwingungsmöglichkeiten der Atome in den Molekülen und die Rotationsmöglichkeiten der Moleküle, die schon bei den Bandenspektren der Gase erwähnt wurden. Befinden sich Gase unter hohem Druck, so werden durch die gegenseitige Einwirkung der benachbarten Moleküle die Linien verbreitert, und bei Flüssigkeiten und Lösungen geht das so weit, daß breite kontinuierliche Absorptionsbanden entstehen. Wenn diese im sichtbaren Gebiet liegen, erzeugen sie die Farbe des Stoffes, die wir wahrnehmen, und zwar so, daß wir stets in der Farbe des durchtretenden Lichtes die Komplementärfarbe des absorbierten Lichtes

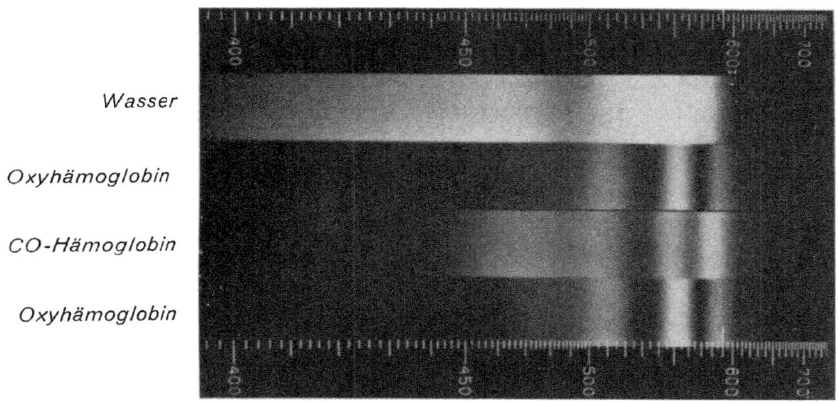

Abb. 65. Absorptionsspektrum von Blut (Zeiß).

erkennen. Liegt die Absorption im ultravioletten Gebiet, so erscheint der Stoff farblos und die Gebiete der Absorption lassen sich nur mit dem Quarzspektrographen auf der photographischen Platte festhalten. Da die Lage und die Form dieser Absorptionsbanden vom Molekülbau abhängt, lassen sich diese umgekehrt auch zur Identifizierung der Moleküle, also zur Analyse verwenden. Eines der bekanntesten Beispiele ist die Unterscheidung von Oxy-Hämoglobin und Kohlenoxyd-Hämoglobin (Abb. 65). Die Absorption der organischen Farbstoffe ist ebenfalls häufig untersucht worden, wobei festgestellt wurde, daß bei der Einführung bestimmter Radikale die Farbe systematisch verändert wird (Chromophore, Auxochrome).

Will man ein Absorptionsspektrum exakt auswerten, so muß man für jede Wellenlänge des durchfallenden Lichtes die Extinktion bestimmen. Diese ist definiert als der Logarithmus des Verhältnisses der eintretenden und durchgelassenen Lichtintensität, und ist damit gleich dem negativen Logarithmus der Transparenz.

$$E = -\log T = \log \frac{I_e}{I_d}\,.$$

Das Gesetz von LAMBERT besagt: Tritt in eine Schicht einer Lösung eine bestimmte Lichtintensität ein, so wird ein bestimmter Bruchteil $I_e \cdot T$ durchgelassen. Fällt nun eine andere Lichtintensität ein, so wird hiervon wieder der gleiche Bruchteil $I_{e'} \cdot T$ durchgelassen. Stelle ich hinter eine verwendete Lösungsschicht eine zweite ebensolche, so wird die zweite den bereits auf $I_e \cdot T$ geschwächten Strahl nochmals um den gleichen Bruchteil schwächen, so daß nur noch $I_e \cdot T^2$ austritt. Die Transparenzen hintereinander gestellter Schichten sind also zu multiplizieren. Die Extinktionen hintereinandergestellter Schichten sind dagegen zu addieren. Das ist der Vorteil der Einführung des zunächst nicht leicht verständlichen Begriffes der Extinktion. Aus dieser erhält man durch Division durch die Schichtdicke s in cm den Extinktionskoeffizient k. $h = \frac{E}{s}$ d. h. der Extinktionskoeffizient ist die Extinktion in einer Schicht von 1 cm Dicke. Als zweites Gesetz kommt noch das BEERsche Gesetz hinzu, das aussagt, daß einer Vergrößerung der Schichtdicke um ein bestimmtes Vielfaches eine Erhöhung der Konzentration um den gleichen Faktor gleichkommt. Beide Gesetze lassen sich zusammenfassen:

$$\log \frac{I_e}{I_a} = k \cdot s \cdot c\,,$$

d. h. die Extinktion ist gleich dem Extinktionskoeffizienten mal der durchstrahlten Schichtdicke mal der Konzentration. Die Bestimmung des Extinktionskoeffizienten kann im sichtbaren Spektralgebiet mit Hilfe eines Spektralphotometers vorgenommen werden. Das Verfahren ist folgendes: ein Strahl von monochromatischem Licht wird optisch in gleiche Teile zerlegt, die zwei verschiedene Wege gehen. Einer führt durch die zu untersuchende Lösung, der andere durch eine ebenso dicke Schicht des Lösungsmittels. Die austretenden Strahlen lassen sich gemeinsam beobachten und der zweite durch eine optische Einrichtung meßbar schwächen, bis beide Strahlen gleiche Helligkeit haben. Auch im U.V.-Gebiet ist das Verfahren ähnlich, nur tritt an Stelle der okularen Beobachtung das Auswerten der Schwärzungen der photographischen Platte. Die exakte Bestimmung des Extinktionskoeffizienten geht über den Rahmen dieses Büchleins hinaus. Man wird jedoch in vielen Fällen schon von der Kenntnis der ungefähren Form der

Absorptionskurve Nutzen haben, die verhältnismäßig leicht zu erhalten ist.

Als Lichtquellen für Absorptionsanalysen eignen sich am besten solche, die selbst ein kontinuierliches Spektrum aussenden, also z. B. der positive Krater einer Kohlenbogenlampe, ein Nernststift, der Wolframglühfaden einer Autoscheinwerferlampe oder eine Wasserstofflampe. Bei Lichtquellen, die für das U.V.-Gebiet benutzt werden sollen, darf natürlich kein Glas im Strahlengang sein. Häufig verzichtet man auch auf ein kontinuierliches Spektrum und

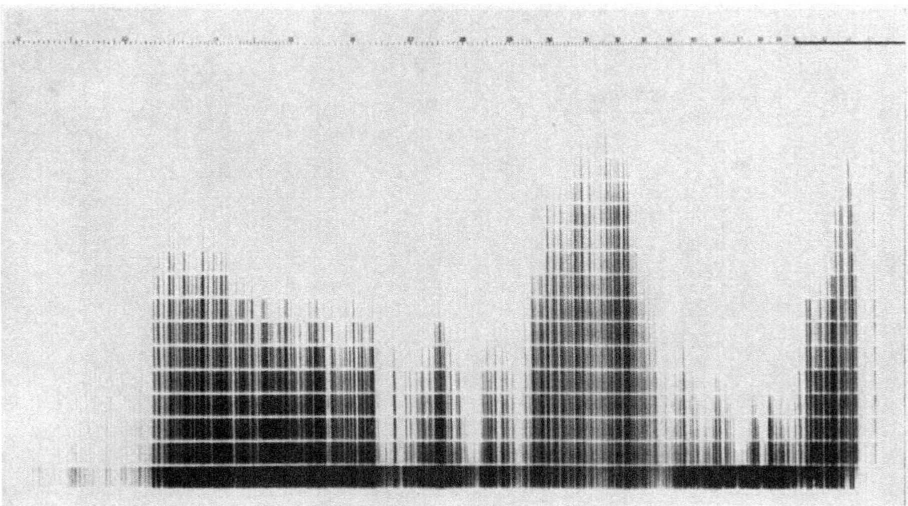

Abb. 66. Absorptionsspektrum von K_2CrO_4.

wählt als Lichtquelle einen Eisen- oder Wolframbogen, da diese so linienreich sind, daß praktisch alle Wellenlängen darin vorkommen.

Wir wollen die Aufnahme einer Absorptionskurve nach dem vereinfachten Verfahren von Baly vornehmen. Diesem liegt die Gleichung $\log \frac{I_e}{I_d} = k \cdot c \cdot s$ zugrunde. Es werden nun I_e, k und c konstant gehalten und nur die Schichtdicke s verändert. Dann werden jeweils für jede Wellenlänge die Schichtdicken aufgesucht, für die I_d einen bestimmten Wert hat. Dort hat auch die Extinktion einen zwar nicht bekannten, jedoch konstanten Wert. Die Vereinfachung besteht nun darin, daß man den Schwellenwert der photographischen Platte als Testwert für I_d wählt, also den, bei dem eben eine sichtbare Schwärzung auftritt. Läßt man weißes Licht durch die Lösung fallen und nimmt das Spektrum auf, so wird in den Gebieten keine Schwärzung auftreten, in denen die Extinktion größer als $\log \frac{I_e}{I_{\text{Schwellenwert}}}$ ist. Macht man mehrere Aufnahmen durch verschiedene Schichtdicken untereinander auf eine Platte, so gibt die Kontur der ungeschwärzten Gebiete eine Kurve, die zur Absorptionskurve reziprok ist. Aus ihr lassen sich die Lage und Form der Absorptionsgebiete ohne weiteres entnehmen.

Als Beispiel wählen wir die Absorption einer Lösung von K_2CrO_4. Es wird eine Reihe von Aufnahmen gemacht, bei denen das Licht eines Funkens oder Bogens zwischen Eisenelektroden bei

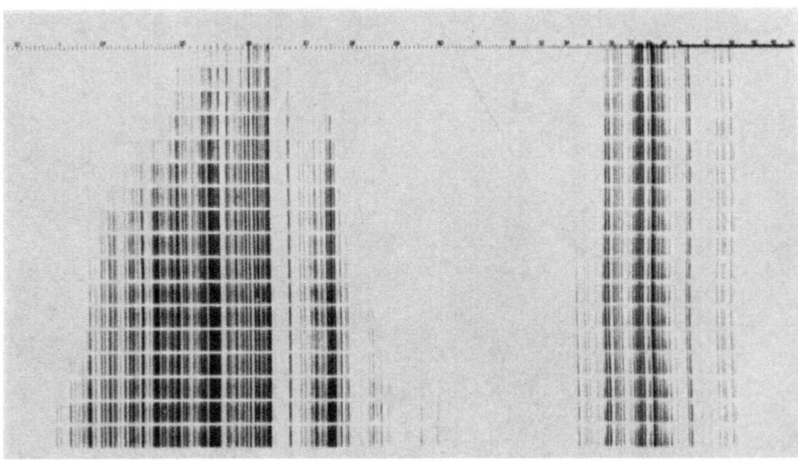

Abb. 67. Absorptionsspektrum von CS_2 in Alkohol.

gleicher Belichtungszeit durch verschiedene Schichtdicken einer Lösung fällt. Man verwendet dazu ein Baly-Rohr, das die Einstellung verschiedener Schichtdicken durch Verschieben zweier ineinandergesteckter Rohre erlaubt, oder einen Satz Küvetten verschiedener Schichtdicke. (Hat man beides nicht zur Verfügung, so behilft man sich mit einer Küvette und stuft die Konzentration ab.) Die Schichtdicke steigert man von Aufnahme zu Aufnahme so, daß ihr Logarithmus linear wächst, also 1:2:4 oder 1:1,5:2,25 usw. oder 1:1,1:1,21 usw. Belichtungszeit, Konzentration und Schichtdicke probiert man so aus, daß auf dem ersten Bild im ganzen Spektralgebiet Linien des Eisens sichtbar sind und auf dem letzten alle absorbiert erscheinen. Küvetten muß man so in den Strahlengang stellen, daß die Lichtstrahlen senkrecht durch die Stirnflächen treten. Bildet man die Lichtquelle auf dem Spalt ab, so verwendet man mit Vorteil zwei Linsen, die man so anordnet, daß durch die Küvette parallele Strahlen gehen.

Abb. 66 ist mit einem Zeiß-Spektrographen für Chemiker unter Verwendung eines Eisenfunkens aufgenommen. Die K_2CrO_4-Lösung war 1/50 normal und schwach alkalisch. Die Schichtdicke wurde mit einem Baly-Rohr zwischen 2 und 100 mm variiert. Belichtungszeit 10 sec.

In der gleichen Weise wird die Absorption von 1,25 Vol.-% CS_2 in Alkohol untersucht. Abb. 67 zeigt die Verschiedenheit der Kurven augenscheinlich.

Mit einem Glasspektrographen kann man auf die gleiche Weise Absorptionsbanden bei farbigen Lösungen anorganischer oder organischer Stoffe feststellen, doch ist hier die okulare Methode vorzuziehen. Abb. 68 zeigt die Aufnahme an $KMnO_4$-Lösung.

Abb. 68. Absorptionsspektrum von $KMnO_4$.

Alle diese Aufnahmen geben nun aus mehreren Gründen kein vollkommen richtiges Bild der Absorptionskurve.

1. Die Intensität des einfallenden Lichtes ist nicht für alle Wellenlängen gleich. Sie ist bei der Kohlenbogenlampe durch die Energieverteilungskurve gegeben, die im sichtbaren und ultravioletten Teil bei den erreichten Glühtemperaturen stets nach dem kurzwelligen zu abnimmt. Bei den Linienspektren muß man ferner die verschiedene Intensität der Linien beachten. Lücken im Fe-Spektrum sind z. B. schon hin und wieder als Absorption angesehen worden.

2. Die Schwellenempfindlichkeit der Platte hängt von der Wellenlänge ab. Im sichtbaren Gebiet kommt dies in der Farbenempfindlichkeit zum Ausdruck. Unsere Absorptionskurve ist dort stets von der Farbenempfindlichkeit überlagert, und man kann die Absorption nur durch Vergleich beider Kurven beurteilen.

3. Die Helligkeit der Lichtquelle müßte bei allen Aufnahmen streng die gleiche sein.

Als weitere Aufgaben können die Absorptionsbanden von Farbstoffen oder auch von organischen Flüssigkeiten wie Benzol usw. bestimmt werden.

Auch für analytische Zwecke läßt sich die Absorptionsmethode verwenden. So verraten sich z. B. schon Spuren von Benzol im

Äthylalkohol durch ihre Absorptionsbanden. Man nimmt zuerst den Eisenbogen durch eine Schicht reinen Alkohol auf und setzt dann tropfenweise Benzol zu. Die Empfindlichkeit ist sehr groß, so daß sich z. B. die fortschreitende Reinigung von Lösungsmitteln verfolgen läßt.

Zur quantitativen Bestimmung von Vitamin A[1] mißt man die Extinktion bei 3280 Å, wo das Vitamin A eine Absorptionsbande hat und erhält die Konzentration durch Vergleich mit Testlösungen.

[1] GSTIRNER, FRITZ: Chemische Vitamin-Bestimmungsmethoden, S. 23. Stuttgart 1939.

Verzeichnis der im Text erwähnten Bücher und Tabellen.

ANGERER, E. VON, Wissenschaftliche Photographie. II. Aufl. Leipzig 1939.
GERLACH, W. u. SCHWEITZER, E., Die chemische Emissionsspektralanalyse. I. Teil: Grundlagen und Verfahren. Leipzig 1930.
GERLACH, WA. u. GERLACH, WE., Die chemische Emissionsspektralanalyse. II. Teil: Anwendung in Medizin, Chemie und Mineralogie. Leipzig 1933.
GROTRIAN, W., Graphische Darstellung der Spektren von Atomen und Ionen Berlin 1928.
HENRICI, A. u. SCHEIBE, G., Chemische Spektralanalyse. In physikalische Methoden der analytischen Chemie. Hrsg. Böttger, Leipzig 1939.
LÖWE, FR., Optische Messungen des Chemikers und Mediziners. 3. Auflage. Dresden und Leipzig 1939.
LUNDEGÅRDH, H., Die quantitative Spektralanalyse der Elemente. I. Teil. Jena 1929; II. Teil Jena 1934.
SCHEIBE, G. u. FRÖMEL, W., Molekülspektren von Lösungen und Flüssigkeiten. In Hand- und Jahrbuch der chem. Physik, herausgeg. von Eucken und Wolf, Bd. 9, Abschnitt IV, Leipzig 1936.
SOMMERFELD, A., Atombau und Spektrallinien. 5. Auflage. Braunschweig 1921.

EDER, J. M. u. VALENTA, E., Atlas typischer Spektren. Wien 1924.
GATTERER, A. u. JUNKES, J., Atlas der Restlinien von 30 chemischen Elementen (28 photographische Tafeln). Castel Gandolfo 1937.
GATTERER, A. u. JUNKES, J., Funkenspektrum des Eisens von 4650—2242 Å (13 photographische Tafeln). Castel Gandolfo 1935.
GATTERER, A. u. JUNKES, J., Arc spektrum of Iron from 8388—2242 Å (21 photographische Tafeln). Castel Gandolfo 1935.
GERLACH, W. u. RIEDL, ELSE, Chemische Emissionsspektralanalyse. III. Teil: Tabellen zur qualitativen Analyse. Leipzig 1936.
KAYSER, H. u. RITSCHL, K., Tabelle der Hauptlinien der Linienspektren aller Elemente. II. Auflage. Berlin 1939.
LÖWE, FR., Atlas der Analysenlinien der wichtigsten Elemente, 2. Auflage des Atlas der letzten Linien. Dresden und Leipzig 1936.
SCHEIBE, G., Tabellen des Funken- und Bogenspektrums des Eisens (zur Wellenlängenbestimmung bei der technischen Emissionsspektralanalyse, unter Verwendung der Erfahrungen der Forschungsstelle für technische Spektralanalyse, mit 24 Photogrammen. Teil I: λ 3700—2300 Å (Bearbeiter: C. F. LINSTRÖM); Teil II: λ 3620—6680 Å (Bearbeiter G. LIMMER); Teil III: λ 6400—9260 Å (Bearbeiter C. D. CORYELL). Berlin-Steglitz: Selbstverlag Fueß. 1932 u. 1935.

Sachverzeichnis.

Additional material from *Chemische Spektralanalyse,*
978-3-662-31455-5, is available at http://extras.springer.com

EXTRA MATERIALS extras.springer.com

GPSR Compliance

The European Union's (EU) General Product Safety Regulation (GPSR) is a set of rules that requires consumer products to be safe and our obligations to ensure this.

If you have any concerns about our products, you can contact us on ProductSafety@springernature.com

In case Publisher is established outside the EU, the EU authorized representative is:

Springer Nature Customer Service Center GmbH
Europaplatz 3
69115 Heidelberg, Germany

Batch number: 10682325

Printed by Printforce, the Netherlands